Klaus Kobjoll / Roland Berger
Tune

Tune

T
Total beGEISTert
Touched by the  spirit
Touché par l'esprit de l'entreprise
Totalmente ispirato dallo spirito della società

U
Unterstützt durch sichere, stabile Abläufe (Prozesse)
Use of all quality standards
Utilisation de tous les standards de qualité
Utilisazione dei Procedimenti sicuri, stabili

N
Natürlichkeit schafft Wohlbefinden
Natural well being
Naturellement bien-être
Naturalità del star bene

E
EnergieReich
Energy
Energie
Energia

Klaus Kobjoll / Roland Berger

Neue Wege zur Kundengewinnung und -bindung

Herausgegeben von Rolf Widmer

orell füssli Verlag AG

3. Auflage 2005

© 2004 Orell Füssli Verlag AG, Zürich
www.ofv.ch
Alle Rechte vorbehalten

Umschlagabbildung: gettyimages (Agri Press)
Umschlaggestaltung: cosmic Werbeagentur, Bern
Druck: fgb • freiburger graphische betriebe, Freiburg i. Brsg.
Printed in Germany

ISBN 3-280-05098-7

Bibliografische Information der Deutschen Bibliothek
Die Deutsche Bibliothek verzeichnet diese Publikation in der Deutschen Nationalbibliografie; detaillierte bibliografische Daten sind im Internet über http://dnb.ddb.de abrufbar.

Inhalt

8	Vorwort
9	**1. Stimmung ist wichtiger als Kapital**
9	Herzlich in harten Zeiten
12	Kunden schätzen Menschen und nicht Leitbilder
15	Der Kurs stimmt – stimmt auch der Sound?
17	Das Gefühl für den Moment
20	**2. Qualitätsmanagement weiterentwickeln**
20	In Form bringen oder in Norm bringen?
23	Fördern, was nicht eingefordert werden kann
23	Führung ausrichten mit dem EFQM-Modell
27	Überraschungsqualität wird immer wichtiger
30	TUNE – Stimmung steuern
33	Sensible Dienstleistung mit harter Ergebnisorientierung verbinden
36	**3. Die TUNE-Faktoren**
36	Den Service-Sound steuern
38	Das Gefühl für zu viel und zu wenig
40	Der T-Faktor
41	Das Einzigartige hinüberbringen
42	Werte und Sinn vermitteln
44	Stolz und Begeisterung leben
46	Das Kundeninteresse am Konzept berühren

48	Der U-Faktor
51	Konstant und sicher in schwierigen Situationen
53	Bequem, einfach, schnell
55	Der N-Faktor
56	Angenehme Erscheinung
59	Positiver Dialog
61	Freundlich in schwierigen Situationen
63	Entspanntes Umsorgen
64	Der E-Faktor
65	Antizipieren
67	Einsatzbereitschaft
69	Ansteckendes Wissen
70	Zum nächsten Schritt bringen
71	Kompliziertes einfach machen
75	**4. Die Kunst des Feinabstimmens**
75	Richtig abschmecken
77	Polaritäten erkennen
78	Zu viel und zu wenig Unternehmens-Spirit
82	Zu viele und zu wenige sichere Abläufe
84	Zu viel und zu wenig Wohlbefinden
86	Zu viel und zu wenig Energie
88	Mitarbeiter müssen jeden Tag die Brille aufsetzen
90	TUNE in die Herzen der Mitarbeiter bringen
93	**5. Serviceketten «aufladen»**
93	Service-Dramaturgie
97	Enge oder offene Regieanweisungen?
99	Von außen nach innen gestalten
101	Klarheit über Atmosphäre
102	Akzente setzen
104	Details, die Kunden berühren

107	Heimliche Berührungen
109	Schilder und Tafeln sprechen lassen
111	Stammkunden individuell behandeln
112	Wiedergutmachung nach Mass

116	**6. Das Glänzen in den Augen der Mitarbeiter**
116	Begeisterung und Hingabe wecken
119	Das Team zusammenstellen
125	Schulung à la carte
128	Teambesprechungen mit Energie
130	Teamleader spielen voll mit
134	Liebevolle Kritik
135	MAX – der Mitarbeiter-Aktien-Index
138	Was ist mein Beitrag zum Ganzen?

140	**7. Mit Lebenszyklen arbeiten**
140	Der Lebenszyklus von Organisationen
144	Wo stehen die Schlüsselpersonen?
145	Die Wellen nutzen

151	**8. Stimmung kann man nicht kopieren**
151	Hart und weich
153	Ziele kaskadieren
155	Energie durch hohe Ergebnisorientierung
158	Viel kann zu viel werden
159	Dranbleiben
161	Das Ohr bei den Mitarbeitern haben
163	Vertrauen und Anerkennung
165	Professionalisierung und Emotionalisierung
167	Glamour
169	Den Spirit weitertragen

173	Literaturverzeichnis

Vorwort

Das Tagungshotel Schindlerhof in Nürnberg hat in den letzten Jahren zahlreiche Auszeichnungen für hervorragendes Dienstleistungsmanagement erhalten. Grundlage dafür war stets ein stark ausgebautes Qualitätsmanagement-System. Aber wie heißt es doch: Wer aufhört, besser zu werden, hört auf, gut zu sein! Darum hat Klaus Kobjoll in den letzten drei Jahren zusammen mit Roland Berger und mir TUNE entwickelt. TUNE ist nicht einfach ein TQM-Gebräu mit anderen Versatzstücken, TUNE legt die Qulitätsmaßstäbe höher, bringt frischen Wind in den Alltag und führt zu einer höheren Lebensqualität: für Kunden, für Mitarbeiter und für das Management.

Leser der früheren Bücher von Klaus Kobjoll werden einiges aus dem Schindlerhof-Universum wiedererkennen. Aber ihnen werden ebenfalls die offenkundigen Veränderungen ins Auge fallen: TUNE ist ein Instrument, mit dem es erstmalig gelungen ist, Servicequalität messbar und für jeden Beteiligten transparent zu machen.

Dieses Buch ist eine Art Logbuch, in dem wir den Weg und die Instrumente beschreiben, mit denen die Crew des Schindlerhofs ihre Dienstleistungen täglich perfektioniert. Aber es ist keine Gebrauchsanleitung, um im Unternehmen alles ganz neu und alles ganz anders zu machen. Es soll Ihnen eine kreative Anregung sein, Qualitätsmanagement auch und gerade in umkämpften Märkten zu betreiben und die eigenen Chancen wahrzunehmen. Besonders bedanken möchten wir uns bei Bernd Zocher, der uns tatkräftig bei diesem Buch unterstützt hat.

August 2004 *Rolf Widmer*

1. Stimmung ist wichtiger als Kapital

Herzlich in harten Zeiten

Was kann alles passieren, wenn uns gerade einer unserer wichtigsten Kunden anruft und einen bereits vereinbarten Seminartermin in unserem Tagungszentrum verschieben möchte! Vielleicht ist gerade in diesem Moment die für den Kunden zuständige Tagungsleiterin nicht im Hause und eine jüngere Mitarbeiterin übernimmt das Gespräch.

Vielleicht sieht sie im Moment nur das Problem, dass sie für das Anliegen des Anrufers keine Lösung sieht, weil alle vorgeschlagenen Termine des Kunden bereits von anderen Firmen besetzt sind. Verhält sie sich am Telefon jetzt ein paar Sekunden leicht irritiert? Oder kann sie dem Kunden überzeugende Sicherheit vermitteln, dass wir alle Hebel in Bewegung setzen werden, um eine gute Lösung zu finden, und dass die verantwortliche Tagungsleiterin sich in einer halben Stunde wieder melden wird?

Jeden Tag erleben wir in unserem Tagungshotel und in unserem Restaurant Hunderte von solchen Momenten, in denen etwas schief gehen kann – oder in denen wir auch unsere anspruchsvollen Stammkunden überzeugen und gar begeistern können.

Wir spielen seit zehn Jahren in der Top-Liga der Tagungshotels in Deutschland. Wir haben viermal hintereinander die Auszeichnung für das beste Tagungshotel erhalten. Wir haben zweimal den Qualitätspreis der Spitzenverbände der deutschen Wirtschaft, den Ludwig-Erhard-Preis, erhalten. Eigentlich Lorbeeren genug. Aber auch wir bekommen das schlechte wirtschaftliche Klima unserer Kunden zu spüren. Wenn unsere Firmenkunden sparen müssen, sparen die meisten natürlich auch bei ihren Weiterbildungs- und Seminarkosten. Und da bei den externen Seminaren. Da trifft es leider auch unser Hotel. Wenn Führungskräfte die Kosten angehen, sollten sie das außerordentlich sensibel tun. Das Management muss sehr genau bestimmen, wo Kosteneinsparungen vom Kunden nicht bemerkt werden. In der Hotellerie und Gastronomie spürt der Gast sofort, wenn Kosten und damit das Service-Niveau einfach abgehobelt werden.

Die Gefahr im heutigen schwierigen wirtschaftlichen Umfeld besteht darin, dass die Unternehmen nur noch bis zur Oberkante der Unterlippe denken können. Wie lange kann man ein Minus verkraften? Wie viel Liquidität und wie viel Geduld hat man als Unternehmer in einer solchen Situation?

Wenn die Geschäftsergebnisse schmerzen, braucht es große Herzen, sowohl bei den Mitarbeitern als auch bei uns in der Unternehmensführung. Mitarbeiter, die sich trotz Kostensparen gegenüber den Kunden herzlich verhalten – das ist die Herausforderung.

Überhaupt – der Mitarbeiter als solcher: Er (respektive sie) ist ja nicht einfach nur Angestellter, er ist auch Konsument und damit ein höchst sensibler Indikator für den wirtschaftlichen Zustand. Je mehr er den wirtschaftlichen Druck am eigenen Arbeitsplatz zu spüren bekommt, desto mehr gibt er diesen Druck als Konsument weiter. Er muss also Druck aus zwei Richtungen aushalten: Von außen durch den anspruchsvolleren Kunden und von innen durch die kostenbewusste Unternehmensführung!

Wachstum macht Unternehmen attraktiv für Banken und Mitarbeiter. Wachstum bringt ständig neue Impulse in ein Unternehmen. Es schafft im Unternehmen ein Umfeld, in dem Vitalität und Begeisterung herrschen, weil die Mitarbeiterinnen und Mitarbeiter echte Chancen für die eigene Entwicklung sehen. Sie arbeiten härter, besser und länger. Wachstum ist und bleibt unsere wichtigste treibende Kraft.

Aber was ist, wenn *finito* ist mit Wachstum? Wir haben kein Wachstum mehr ... Jetzt muss sich zeigen, ob unser Konzept, Mitarbeiter zu fördern und zu Bestleistungen zu motivieren, auch bei schlechtem Wetter wirksam genug ist.

Seit jeher beruht das fundamentale Konzept des Schindlerhofs auf dem gemeinsamen Teamgeist und dem abteilungsübergreifenden Denken. In diesem Buch wollen wir zeigen, wie wir es in unserem Hotel schaffen, auch in einem schwierigen Umfeld unsere Servicequalität weiterzuentwickeln und die Motivation der Mitarbeiter hochzuhalten.

Der Weg zur Exzellenz im Service beginnt im Inneren der Menschen – bei Mitarbeitern, Führungskräften und Eigentümern.

Seit Jahren betreiben wir systematisches Qualitätsmanagement. Immer mehr wird uns aber bewusst, dass der Weg zu exzellentem Service im Inneren der Menschen in unserem Unternehmen beginnt. Wenn unser Küchenteam jeden Tag, wenn es sein muss auch nach Mitternacht noch eine Schlussbesprechung durchführt, wenn unsere Azubis in der Freizeit ein neues Konzept für Familien mit Kindern entwickeln – dann lebt unser Hotel im Innern unserer Mitarbeiter!

Nichts, was Kunden bei einem Unternehmen erfreut oder ärgert, geschieht ohne das Handeln der Mitarbeiter. Dienstleistung ist *People Business!* In diesem Buch geht es deswegen nicht darum, wie Sie Ihr Unternehmen revolutionieren, sondern wie Sie es robuster machen und perfektionieren. Wir nehmen Sie mit auf eine Reise durch die Welt der Dienstleistungsbranche.

Kunden schätzen Menschen und nicht Leitbilder

Kunden erleben heute in den meisten Branchen zu viele gleichartige Firmen, die ähnliche Ideen haben und ähnliche Dinge zu ähnlichen Preisen in austauschbarer Qualität produzieren. Immer schneller kopieren Mitbewerber Neuigkeiten untereinander ab. Sich von den Mitbewerbern zu unterscheiden, ist in den letzten Jahren nochmals schwieriger geworden!

Im unserem Hotel Schindlerhof haben wir unsere Mission, unsere Vision und unsere Unternehmensstrategie definiert. Unser kleines handliches Büchlein «Spielkultur» geben wir allen Mitarbeitern und Bewerbern ab. Wie zahlreiche andere Firmen haben wir bei uns ein ausgeklügeltes System zur Planung und Umsetzung unserer Politik und Strategie. Von unserer Siebenjahresplanung über die Jahreszielplanung bis hin zu der Monatsplanung bzw. Dienstplanung in allen Abteilungen setzen wir um, was wir uns vornehmen.

Noch wundervollere Formulierungen über unser «Woher kommen wir und wohin wollen wir» bringen uns nicht weiter.

Aber irgendwann mussten wir und auch unsere externen Berater erkennen, dass uns noch mehr Konzepte, noch mehr Leitsätze, noch mehr wundervolle Formulierungen über unser «Woher kommen wir und wohin wollen wir» nicht mehr weiterbrachten. Es reichte, was wir bereits erarbeitet hatten. Unser System von Leitbild und Konzepten hat uns viel geholfen, und wir sind für mittelständische Verhältnisse damit weit gekommen. Aber mehr wäre philosophisches Rumgesülze geworden.

Wir merkten, dass uns all die Leitbilder und Statements dort nicht mehr weiterbrachten, wo es letztlich darauf ankommt: Im unmittelbaren Kontakt mit den Kunden!

Lange lernten wir für die Qualität unserer Dienstleistungen am meisten aus unserem umfassenden System zur Erhebung der

Gästezufriedenheit. Bei uns gab es natürlich nie Fragebogen, für die der Kunde seine Brille anziehen musste, um sich nachher minutenlang durch eine Unzahl von Fragen zu kämpfen. Unsere kleinen Kärtchen mit den Smileys waren handlich, überall in unserem Hotel verfügbar und von den Gästen im Handumdrehen ausgefüllt. Neben den Zufriedenheitskärtchen führten wir mit einem klar definierten Vorgehen mündliche Befragungen unserer Stammkunden durch.

Für uns sind das ganz wichtige Führungsinstrumente und die Rückmeldungen aus den Kundenantworten fließen sofort in die entsprechenden Abteilungsmeetings. Aber im Laufe der Jahre haben wir auch festgestellt, dass sich die allermeisten Kunden nicht die Mühe machen, uns Feinheiten und Kleinigkeiten zurückzumelden. Oft können sie sich aber auch nicht an Kleinigkeiten erinnern. Doch eben genau die waren es sehr häufig, die über eine positive oder negative Stimmung beim Verlassen unseres Hauses entscheidend waren.

Seit 1997 beteiligen wir uns immer wieder an Qualitätspreisen. Diese Wettbewerbe waren für uns immer ein wichtiger Antrieb, um uns ständig zu verbessern. Dazu gehörte, dass wir aus der Management-Literatur, an Kongressen, mit unseren externen Beratern und Trainern und vor allem von anderen Preisträgern immer lernen wollten. Wir haben sehr viel gelernt und heute ein Managementsystem, das für mittelständische Unternehmen vorbildhaft ist.

Manchmal hatten wir das Gefühl, wir hätten auf dem großen Feld des Service-Managements jeden Stein schon irgendwann einmal aufgelesen, umgedreht und nachgeschaut, ob wir etwas für unser Hotel abkupfern könnten. Immer umfangreichere Checklisten, immer ausgeklügeltere Planungssysteme, immer verfeinertere Gästezufriedenheits-Erhebungen – es wurde zum «more of the same», immer mehr von immer demselben.

Das mag etwas sein für Konzerne, wo wechselnde Manager

Touched by the spirit – Unterstützt durch sichere Abläufe

derart viel an Systemen herumschrauben, dass sie nach fünf Umorganisationen nicht mehr merken, dass man wieder bei der gleichen Lösung wie vor Jahren angelangt ist. Aber zu unserem Betrieb und zu uns als Besitzerfamilie passt so etwas natürlich nicht. Seit zwanzig Jahren sind wir im Schindlerhof für unsere Gäste da. Auch wenn unser Betrieb auf heute mittlerweile 70 Mitarbeiterinnen und Mitarbeiter gewachsen ist, steht die Besitzerfamilie noch jeden Tag im Betrieb und begegnet den Gästen. In der Hotellerie wie in vielen anderen Dienstleistungsbranchen ist man stolz auf die Kunst der Gastfreundschaft. Für viele Menschen, die in unseren Beruf einsteigen, ist das eine der wichtigsten Antriebskräfte. Und für uns ist es das immer auch noch!

Das bedeutete umgekehrt aber auch, dass wir spürten: Zu viel und zu komplizierte Managementsysteme lenken ab vom Kern des Geschäfts – dem direkten Kontakt mit dem Kunden und all den gelungenen freundlichen Momenten, die Gäste bei uns erleben!

> **Zu viel und zu komplizierte Managementsysteme lenken ab vom Kern des Geschäfts – dem direkten Kontakt mit dem Kunden!**

Nur weil wir als Führungskräfte an den Gästezufriedenheits-Fragebogen interessiert sind, um zu lernen, müssen es die Kunden nicht auch sein. Kunden sind nicht an Fragebogen interessiert, sondern an einem angenehmen Aufenthalt in unserem Haus. Kunden lieben auch keine Leitbilder. Kunden wollen nicht primär lesen, sondern sich wohl fühlen. Sie schätzen unsere Mitarbeiter – und wenn bei uns alle in Bestform sind, dann wird es mehr als schätzen, dann lieben die Kunden uns sogar!

Natürliches Wohlbefinden – **E**nergie

Der Kurs stimmt – stimmt auch der Sound?

Für alle wichtigen Kennzahlen können wir in unserem Unternehmen jederzeit sagen, ob sie im grünen oder roten Bereich liegen. Wir wissen immer, ob wir mit unserem Unternehmen auf Kurs sind. Aber es ist wie auf einem Kreuzfahrtschiff: Zwar ist der Zielhafen klar, die Route festgelegt, alles funktioniert bestens – und trotzdem wissen der Kapitän und seine Führungsmannschaft, dass die Stimmung bei den Passagieren letztlich darüber entscheidet, ob die Passagiere nach ihrer Kreuzfahrt ihren Freunden und Bekannten das Schiff und seine Crew begeistert weiterempfehlen.

Zwar haben sie auf der Kommandobrücke alle Instrumente wie GPS, Radar, Echolot usw., also die alltäglichen Hilfsmittel der Führungs-Crew zum Steuern des Schiffs. Aber mit ihren Instrumenten und Messungen bekommen sie oben auf der Brücke nicht mit, wie die Stimmung, der Sound, bei den Passagieren ist. Sie havarieren zwar nicht beim Fahren, aber wenn sich die Gäste unwohl fühlen und nicht wiederkommen, scheitern sie auch und können den Kahn verschrotten.

Das «Was», die Produkte und die Dienstleistungen sind einander immer häufiger ähnlicher und austauschbarer. Das «Wie» wird wichtiger. Wie Mitarbeiter mit Kunden umgehen, wird immer mehr zum entscheidenden Erfolgsfaktor. Das können Sie nur schwer beschreiben und auch nicht mit Normen einfangen. Aber Sie können Woche für Woche prüfen, wie viel in den Teamsitzungen über negative und positive Vorkommnisse mit einzelnen Kunden oder ob mehr über Systeme, Schnittstellenprobleme und Reports gesprochen wird.

Wenn nicht täglich das Gespräch über Kunden und ihre Eigenheiten und Vorlieben im Vordergrund steht, ist Kundenorientierung nicht mehr als ein Schlagwort!

Unternehmen geben riesige Summen für Customer-Relationship-Managementsysteme aus. Aber das Wichtigste an den Beziehungen zu ihren Kunden können sie natürlich nicht einfangen: Das, was in den Momenten der Begegnung jeweils passiert, ob sie angelächelt werden, ob sie mit Namen angesprochen werden, ob sie hilfsbereit behandelt werden, ob ihnen zugehört wird und ihr Problem und Anliegen gelöst wird usw.

> Dienstleistungsbusiness ist wie Theater: Der Zuschauer soll bei der Aufführung nichts von den Schwierigkeiten mitbekommen.

Dienstleistungsbusiness ist wie Theater: Der Erfolg einer Aufführung bedeutet Knochenarbeit und systematische Vorbereitungen. Regieanweisungen und intensive Proben mit den Schauspielern sind erforderlich. Aber bei der Aufführung soll der Zuschauer all diese Bemühungen gar nicht bemerken. Alles soll leicht und selbstverständlich wirken.

Genauso ist das in der Hotellerie und Gastronomie: Spitzenleistungen sind nur möglich, wenn klare Regieanweisungen gegeben werden. Die Mitarbeiter wollen wissen: «Was gilt? Was entspricht dem Stil des Hauses? Was passt nicht zu uns?» Nur wenn die Regie diese Klarheit erzeugt, sind die Mitarbeiter feinfühlig für die Vorstellung. Dann erst beginnen sie eigenverantwortlich zu fühlen, zu denken und zu handeln! Und erst dann entsteht diese gute Stimmung, bei der der Kunde am Schluss auch das Geld gern ausgibt. Kein Unternehmen, bei dem die Kunden nicht eine gute Stimmung zu spüren, wird auf die Dauer erfolgreich sein!

> Die Stimmung in einem Unternehmen ist wichtiger als jedes Wissen oder Kapital.

Diese Stimmung in einem Unternehmen ist darum wichtiger als jedes Wissen oder Kapital. Mit Geld können Sie so etwas nicht kaufen. Aber wenn Sie es fördern, dann können Sie letztlich gar nicht verhindern, dass Ihr Unternehmen profitabel arbeiten wird.

Und damit diese gute Stimmung an Bord entstehen und gehalten werden kann, muss der Kurs natürlich stimmen! Dazu gehört in erster Linie

Klarheit über die Prioritäten bei den Kundensegmenten: Für welche Kundensegmente sind wir in erster Linie da? Für wen müssen unsere Dienstleistungen passgenau erbracht werden? Und welche Kundengruppen sind bei uns gern gesehen, aber wir unternehmen nicht dieselben intensiven Anstrengungen, um sie zu unseren Stammgästen zu machen? Welches sind unsere Idealkunden, die wir gerne mehr bei uns hätten?

Wie soll der Mitarbeiter in einem Unternehmen sein Bestes geben, wenn er merkt, dass der Kurs nicht stimmt? In unserem Hotel verwenden wir sehr viel Zeit dafür, unseren Mitarbeitern unseren Kurs zu erklären und ihnen damit Sicherheit zu geben. Die Mitarbeiter müssen im Unternehmen das Gefühl bekommen: Hier läuft es gut, hier werde ich weiterkommen.

Das Gefühl für den Moment

Wie viele andere kundenorientierte Unternehmen haben auch wir unser Organigramm auf den Kopf gestellt. Zuoberst stehen die Kunden und dann kommen die Azubis und Mitarbeiter, die im direkten Kontakt mit diesen Kunden stehen. Zuunterst im Organigramm ist dann die Unternehmensführung aufgeführt. So zeigen wir allen Bewerbern für eine Stelle bei uns, dass der Kontakt mit unseren Kunden zuoberst steht.

Führungsinstrumente sind dazu da, damit möglichst viele gute Momente mit Kunden entstehen können. Vergessen wir aber vor lauter Instrumenten die Kunden nicht! Kundenorientierung ist in unserem Hotel eine dringende Angelegenheit: Wenn wir uns zu wenig um unsere Kunden kümmern und sie zu wenig begeistern, wird es einer unserer Mitbewerber tun.

Klick gemacht hat es bei uns, als wir realisierten, wie viel Aufwand wir mittlerweile für Auswertungen im Rahmen unseres Qualitätsmanagementsystems betreiben. Wir werten Kritikkärtchen aus, wir führen Stammkundenbefragungen durch. Die Kosten der Wiedergutmachung bei Kundenbeschwerden werden zeitaktuell verfolgt. Wir messen in allen unseren Unternehmensprozessen mindestens zwei Kennzahlen, um den Betrieb genau steuern zu können. Aber eben: Hinterher das Geschehen zu analysieren und auszuwerten, kommt uns vor, wie wenn der Liebhaber nachher fragt, ob er gut war. Hatte er keine Augen im Kopf? War er etwa nicht dabei? Der Moment zählt. Seit Jan Carlzon das Konzept der «moments of truth» berühmt gemacht hat, wissen wir alle, dass es darauf ankommt.

Hinterher auszuwerten kommt uns vor, wie wenn der Liebhaber nachher fragt, ob er gut war. Hatte er keine Augen im Kopf? War er etwa nicht dabei?

Mit unserem Unternehmen spielen wir in der Seminar- und Tagungshotellerie in Deutschland in der obersten Liga. Viele Kunden kommen zu uns, weil sie auch an unserem Managementansatz interessiert sind. Je mehr Auszeichnungen und Preise wir gewinnen, desto anspruchsvoller werden unsere Kunden. Wir sind gezwungen, ständig neue Wettbewerbsvorteile gegenüber unseren Mitbewerbern zu finden.

So sind wir den Weg der «moments of truth» weitergegangen. Wir wollten nicht alle zwei Jahre ein großartiges neues Schulungsprogramm mit einem noch viel großartigeren Namen einführen. Wir wollten die Fähigkeit der Mitarbeiter weiterentwickeln, im Moment des Kundenkontakts noch aufmerksamer zu sein und immer besser reagieren zu können.

Im Moment des Kundenkontakts ganz präsent zu sein und als Gastgeber unseren Gästen dienen zu können, ist im heutigen Zeitgeist eine immer größere Herausforderung. Gesellschaftlich haben wir in den letzten Jahren die Folgen der Ära des gierigen Egoismus zu spüren bekommen. Das wirtschaftliche Klima ist härter geworden, immer mehr Menschen schauen primär für sich. Auch unsere Mitarbeiter tun das. Aber auf Egoismus kann keine Kultur des Dienens, der Dienstleistung bauen.

Darin liegt aber auch eine Riesenchance: Wenn ein Unternehmen es schafft, Beziehungen zwischen den Mitarbeitern und den Kunden einzigartig zu gestalten, dann hat dieses Unternehmen einen Vorteil, der von den Mitbewerbern nur schwer zu kopieren ist.

Erste Schritte aus diesem Kapitel:

- Setzen Sie sich in Ihrem Unternehmen dafür ein, dass bei Kosteneinsparungen nicht dort gespart wird, wo mit dem geringsten Widerstand der Mitarbeiter gerechnet wird – sondern dort, wo die Kunden es am wenigsten spüren!
- Achten Sie in Sitzungen darauf, ob zu viel über das Managementsystem und zu wenig über Bedürfnisse und Erwartungen der Kunden gesprochen wird!
- Verzichten Sie auf umfangreiche und komplizierte Auswertungen von Kennzahlen und Messgrößen. Kein Mitarbeiter wird Auswertungen nachtrauern, mit denen er nicht gerne im Alltag arbeitet!
- Überprüfen Sie, wieweit den Mitarbeitern der Kurs Ihres Unternehmens oder Ihres Unternehmensbereiches klar ist. Befragen Sie Mitarbeiter direkt danach!
- Nehmen Sie sich immer wieder die Zeit, um die Mitarbeiter Ihres Unternehmens im Kontakt mit den Kunden zu beobachten. Wie aufmerksam und präsent sind sie?

2. Qualitätsmanagement weiterentwickeln

In Form bringen oder in Norm bringen?

Immer mehr Unternehmen bauen ihr Qualitätsmanagementsystem auf der ISO-Norm auf. Immer öfter sind auch kleine und mittlere Firmen heute gezwungen, diesen Weg zu gehen: ISO ist zunehmend Voraussetzung, um sich bei Ausschreibungen der Öffentlichen Hand und von Großkunden überhaupt bewerben zu können. Qualitätsprogramme werden von zahlreichen Branchenverbänden lanciert. Und die Arbeit mit einer anerkannten Qualitätsnorm fließt heute auch in das Rating der Banken ein.

Wir haben uns 1995 als erstes Hotel in Deutschland ISO-zertifizieren lassen und dadurch enorm viel Sicherheit und Stabilität in unseren Abläufen gewonnen. Das Gestalten von Verfahren und Prozessen mit dieser Norm gibt uns Gewissheit, um unsere Dienstleistungen auf einem hohen Niveau anbieten zu können. Qualität kommt von Qual. Die tägliche Basisqualität auf einem hohen Niveau zu erfüllen, ist eine der wichtigsten Aufgaben unseres Führungsteams.

Die dokumentierten Qualitätsstandards haben für uns vor allem zwei Vorteile: Erstens sparen wir uns eine Menge Zeit und Energie, wenn es darum geht, neue Mitarbeiter in unseren Betrieb einzuführen. Wir brauchen heute nur noch einen Bruchteil der Zeit von früher, um ihnen beim Einstieg zu vermitteln, welche Erwartungen wir im Detail haben. Wir können uns darauf konzentrieren, ihnen zu zeigen, welche Tipps und Tricks ihnen helfen können, gleich von Beginn weg eine starke Leistung zu zeigen.

Qualitätsmanagementsystem – das ist für uns in allererster Linie Hilfsmittel für den Alltag. Wir haben ein ausgebautes Checklisten-System. Bei uns kann auch der Azubi nach einem Bankett morgens um drei Uhr selbst aufräumen, weil er eine Checkliste abarbeiten kann. Der alte Erziehungsgrundsatz «Hilf mir, es selbst zu tun» leitet uns, wenn wir an unserem Qualitätsmanagementsystem arbeiten.

Der zweite große Vorteil unserer Qualitätshandbücher besteht darin, dass die dokumentierten Standards und Hilfsmittel wie Checklisten und Formulare immer im Mittelpunkt unserer Schulungen und Trainings stehen. Bei uns gibt es keine «freischwebenden» Schulungsthemen. Bei uns hat jede Schulung und jedes Training den Bezug zu dem, was wir als Standard definiert haben und das uns deshalb wichtig ist.

Mit der Norm zu arbeiten, bringt viele Vorteile. Wir haben aber gemerkt, dass Norm und Form nicht dasselbe bedeuten. Ein Mitarbeiter kann etwas sehr wohl nach der Norm ausführen, ob er aber dabei in Form ist, geht völlig unter. Und darin liegt die erste große Gefahr des Arbeitens mit der ISO-Norm: Mitarbeiter und Führungskräfte achten primär darauf, ob sie die Norm erfüllen. Wie sich dabei der Partner, der Kunde fühlt, wird von den Mitarbeitern nicht gleichermaßen aufmerksam wahrgenommen.

«Wer das Unternehmen idiotensicher machen will, der bekommt auch nur Idioten», hat der Management-Vordenker Reinhard Sprenger geschrieben. Wir haben auch in unserem Unternehmen gemerkt, dass zu viel Aufmerksamkeit auf das Definieren von neuen Standards automatisch mehr Aufmerksamkeit beim Überprüfen und Auswerten verlangt. Und dass dadurch zu viel Fokus auf messbare Dinge und letztlich zu wenig auf die sensiblen, «weichen» Faktoren gelenkt wird. Überlegen Sie selbst, wie viel an den Teamsitzungen in Ihren verschiedenen Bereichen über harte Zahlen und Normen gesprochen wird.

Und wie viel über die weichen Faktoren?

ISO darf nicht heißen: «Idioten sammeln Ordner.» Für viele Branchen gibt es heute offizielle ISO-Branchenleitfäden. Aber wenn ein Unternehmen nur irgendwo ein Handbuch abkupfert, dann kriegt es im besten Fall das hin, was in der Branche üblich ist. Das ist zu wenig, um Kunden und Mitarbeiter zu begeistern und als Unternehmer richtig Geld zu verdienen.

Wer das Unternehmen idiotensicher machen will, der bekommt auch nur Idioten.

Das ist, als würden Schauspieler ein Drehbuch und die Ideen der Regie dazu einfach nur nach Vorgabe umsetzen. Die Schauspieler sind in der Norm, aber nicht in Form. Im Publikum wird keine Begeisterung entstehen. Das, was man tut, muss man von Herzen tun. Hier liegen die Grenzen jeder Norm. Normen regeln die Verhältnisse, aber nicht das Verhalten.

So muss beispielsweise in unserem Bankettbereich die Bankettverantwortliche zum Schluss jeder Veranstaltung die Schluss-Checkliste ausführen. Darauf sind wie in vielen Betrieben die üblichen Punkte zum Abhaken aufgeführt. Aber am Schluss der Checkliste fragen wir zusätzlich, ob die Gäste begeistert waren und ob sie das spontan geäußert hatten oder ob sie befragt werden mussten. Wir wollen auch wissen, wie gut die Qualität und Optik der Speisen war. Und wie die Stimmung im Team und bei der Bankettverantwortlichen selber war – alles Dinge, die man in einer Norm nicht regeln kann! Aber so macht dann das Arbeiten mit der ISO-Norm für die Mitarbeiter Sinn und damit auch immer mehr Freude.

Normen regeln die Verhältnisse, aber nicht das Verhalten.

Was aber leicht vergessen geht: Es ist ein überaus harter und langer Weg, bis die Abläufe bei allen Mitarbeitern so sicher sitzen, dass man sich auf solche Verhaltensaspekte konzentrieren kann.

Fördern, was nicht eingefordert werden kann

Dienstleistung ist das sensibelste Business auf der Welt. Da stoßen herkömmliche Managementmethoden an Grenzen. Da spielt ein passendes Wort, eine beruhigende Geste oder ein Augenzwinkern im richtigen Moment eine ganz große Rolle. Wie wollen Sie das beschreiben? Etwa so: Nehmen Sie 1,75 Sekunden Augenkontakt auf, lächeln Sie, indem Sie die Mundwinkel 12 Prozent nach oben ziehen. Das kann es nicht sein.

Lächeln kann man nur, wenn einem ums Lachen zumute ist.

Echte Hingabe, echte Freude können Sie weder verordnen noch einfordern. Sogar die Identifikation eines Mitarbeiters mit dem Unternehmen ist noch kein Garant dafür, dass in den sensiblen Kontakten zwischen Mitarbeiter und Kunde gute Stimmung entsteht. Wem unbehaglich zumute ist, der kann kein Wohlbehagen ausstrahlen. Lächeln kann man nur, wenn einem ums Lachen zumute ist.

Hingabe und Herzlichkeit bei den Mitarbeitern fördern, bedeutet, dass Führungskräfte ihre eigenen Mitarbeiter genauso mit Hingabe und Herzlichkeit fördern müssen. Mitarbeiter geben in der Begegnung mit Kunden nur ihr Bestes und Herzlichstes, wenn sie auch so von der Firma behandelt werden! Mitarbeiter wollen ihre eigene Persönlichkeit nicht zu Hause lassen. Sie geben ihr Bestes, wenn sie ihre Besonderheiten, ihre Individualität im Unternehmen einbringen können.

Führung ausrichten mit dem EFQM-Modell

Führen in der Dienstleistungsbranche bedeutet damit vor allem auch, den Mitarbeitern den Rücken freizuhalten, damit sie im Kundenkontakt ihre Bestleistung erbringen können.

Unternehmerisches Denken und Handeln haben wir schon

immer von uns als Besitzerfamilie und von unseren MitunternehmerInnen gefordert. Vieles machen wir aus dem Bauch heraus. Das soll auch so bleiben, ist aber nur eine Seite. Für unsere Führungskräfte gilt beides: Power im Bauch und Ordnung im Kopf! Und die Ordnung für unsere Führung liefert uns das Modell der *European Foundation for Quality Management* (EFQM).

Es gibt nichts Praktischeres als ein gutes Modell! Das EFQM-Modell ist zur Bewertung eines Unternehmens entwickelt worden. Es ist anwendbar für alle Branchen, für alle Unternehmensgrößen und übertragbar auf unterschiedliche kulturelle Rahmenbedingungen. Das Modell funktioniert sogar bei der Kirche. Im Gespräch mit einem Dorfpfarrer versicherte er mir in vollem Ernst, er befrage nun auch seine Ministranten, ob sie den Wein auch wirklich mögen …

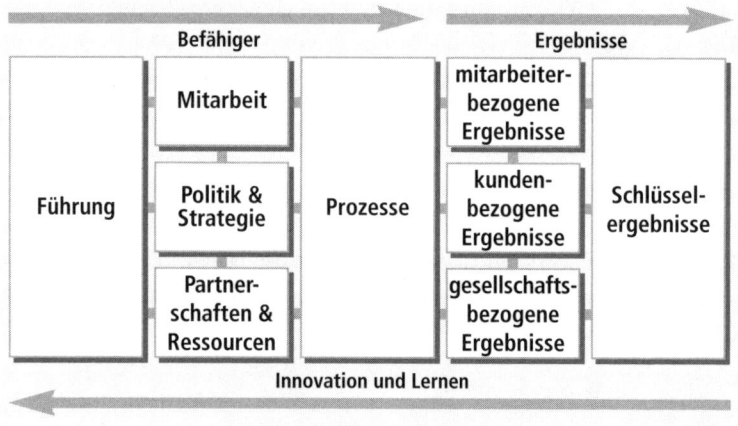

Modell der European Foundation for Quality Management (EFQM)

Immer mehr Firmen in heute 38 europäischen Ländern wenden das Modell an. Das Modell ist von europäischen Großfirmen entwickelt worden. Besonderen Zulauf findet es aber bei kleinen und mittelständischen Firmen. An den Qualitätspreisen in verschiedenen Ländern (Ludwig-Erhard-Preis in Deutschland, Prix Esprix in der Schweiz usw.) sind die teilnehmenden KMUs eindeutig erfolgreicher als die Großunternehmen.

Bei uns im Schindlerhof arbeiten wir seit 1996 mit diesem Modell. 1998 gewannen wir den European Quality Award, die höchste europäische Qualitätsauszeichnung für KMUs. In den letzten Jahren haben wir unser System immer weiterentwickelt. Alle unsere Führungskräfte müssen unser hauseigenes EFQM-Seminar besuchen. Jährlich führen wir eine Selbstbewertung nach dem Modell durch.

Die neun Kriterien des Modells dienen zur Beurteilung des Fortschritts eines Unternehmens auf seinem Weg zu Spitzenleistungen. Alle neun Kriterien sind wiederum in verschiedene Unterkriterien aufgeteilt und dabei so allgemein wie möglich umschrieben, damit sie den unterschiedlichen Anforderungen verschiedener Branchen, Organisationsarten und Grössen gerecht werden.

Bei den Ergebniskriterien werden Ziele und erreichte Resultate verglichen, Trends gemessen und die Ergebnisse systematisch mit den wichtigsten Mitbewerbern verglichen. Schlüsselergebnisse, Kunde und Mitarbeiterzufriedenheit – das sind alles Dinge, die uns seit langem vertraut sind. Neu war für uns im Sinne einer ganzheitlichen Betrachtung der Einbezug von gesellschaftsbezogenen Ergebnissen: Was bewirken wir bei unserer Nachbarschaft, wie berücksichtigen wir Umweltschutzinteressen, wie fördern wir als Vorreiterbetrieb das Qualitätsdenken in unserer Branche usw.

Die fünf Befähigerkriterien des Modells helfen uns jeden Tag, unser Führungsverhalten und unsere Entscheidungen integriert zu betrachten. Die einzelnen Kapitel helfen uns, uns selber zu bewerten:

- Das Kapitel «Führung» überprüft, wie Führungskräfte die Vision und die Mission erarbeiten und deren Erreichen fördern. Es geht darum, wie Führungskräfte für den langfristigen Erfolg die erforderlichen Werte erarbeiten, diese durch entsprechende Maßnahmen und Verhaltensweisen umsetzen.

- Das Kapitel «Politik und Strategie» behandelt, wie das Unternehmen seine Vision und Mission durch eine klare, auf die Interessengruppen (die Stakeholder; das sind Kunden, Mitarbeiter, Eigentümer, Banken, Öffentlichkeit usw.) ausgerichtete Strategie einführt und wie diese durch entsprechende Politik, Pläne, Ziele, Teilziele und Prozesse unterstützt wird.
- Das Kapitel «Mitarbeiter» überprüft, wie das Unternehmen das Wissen und das gesamte Potenzial seiner Mitarbeiter entwickelt und freisetzt.
- Das Kapitel «Partnerschaften und Ressourcen» bewertet, wie das Unternehmen mit seinen externen Partnerschaften und internen Ressourcen umgeht.
- Im Kapitel «Prozesse» wird bewertet, wie das Unternehmen seine Prozesse gestaltet, managt und verbessert, um die eigene Strategie umzusetzen und um seine Kunden und andere Interessengruppen voll zufrieden zu stellen.

Führung ist für unsere Mitarbeiter durch die Arbeit mit dem EFQM-Modell transparenter und einsichtiger geworden.

Das Modell ist für unsere Führungskräfte ein wirklicher Gewinn! Das Denken und Handeln der Führungskräfte wird ganzheitlich auf die wesentlichen Erfolgsfaktoren ausgerichtet. Unsere Führungskräfte haben mit dem Modell einen gemeinsamen Denkrahmen. Führung ist für unsere Mitarbeiter durch die Arbeit mit dem EFQM-Modell transparenter und einsichtiger geworden.

Das Modell hat aber nicht nur Vorteile für unsere Führungskräfte. Für die Banken spielen die Managementfaktoren bei der Beurteilung eines Kunden eine immer wichtigere Rolle. Ohne das EFQM-Modell hätten wir es in den letzten Jahren nicht geschafft, unser Managementsystem nachweislich jedes Jahr zu verbessern. Damit haben wir die Kreditwürdigkeit bei Banken anhaltend gestärkt. Auf gut bayrisch: Früher hat man die Braut nur schön gemacht, wenn man sie verkaufen wollte. Heute muss man sie zweimal am Tag schminken, damit man anständige Konditionen auf dem Kontokorrentkonto erhält.

Als Unternehmer müssen Sie das Kapital konsequent in wertsteigernde Maßnahmen investieren. Überlegen Sie also gut, was wirklich wertsteigernd ist. Wenn Sie etwa für 20 000 Euro ein Auto anschaffen, wird es gleich vom Moment des Kaufs an abgeschrieben, weil es immer weniger wert ist. Wenn Sie Geld in Werbung investieren und Sie bzw. Ihre Agenturpartner die Sache gut machen, hoffen Sie, dass zumindest ein Teil des Etats eine langfristige Wertsteigerung bewirkt. Wenn Sie aber Ihr Geld in Ihr Qualitätsmanagementsystem investieren und die Sache ernst nehmen, wird jeder Euro zu einer nachhaltigen Wertsteigerung beitragen!

Überraschungsqualität wird immer wichtiger

Wenn wir mit unseren Mitarbeitern über Qualität sprechen, tun wir das seit über zehn Jahren mit unserem so genannten Tortenmodell, das unsere Berater für uns entwickelt haben und mit dem wir auch unseren Azubis einfach und einleuchtend das Wesen von Qualität erklären können:
- Der Boden der Torte, das ist die tägliche Wiederholqualität, die Basisqualität. Sie wird von den Gästen schlicht und einfach vorausgesetzt. Wenn man die nicht erfüllt, ist man aus dem Rennen. Und was am meisten wehtut: Diese untere Reizschwelle liegt von Jahr zu Jahr höher, weil unsere Kunden und Gäste immer anspruchsvoller werden. Nehmen Sie etwa ein Autohaus: Wenn früher der Mittelklas-

sewagen nach dem jährlichen Routineservice innenraumgereinigt zurück zum Kunden kam, war das noch ein «oho» wert. Heute ist das zur Selbstverständlichkeit geworden. Und so ist das heute in allen Branchen. Keiner kann es sich erlauben, schlechtes Bier zu produzieren oder leicht welke Blumen zu verkaufen. ==In allen Branchen wird heute ein hohes Niveau an Basisqualität verlangt.==

- Die zweite Stufe von Qualität ist wie die Sahnehaube auf der Torte. Das sind jene Dinge, die uns gegenüber anderen einzigartig machen, weswegen Kunden überhaupt zu uns kommen und nicht zu anderen gehen. Das sind für sie die großen ==Aha-Erlebnisse.== Ein bisschen besser als die Mitbewerber zu sein, ist hier noch zu wenig. Kunden müssen einen deutlichen Unterschied bemerken.

  Bei uns sind das zwei Vorteile: Die Freundlichkeit und Herzlichkeit der Mitarbeiter und das Ambiente (das Hoteldorf im historischen Gutshof, die Inneneinrichtungen im Tagungs-, Restaurant- und Zimmerbereich).

- Die dritte Stufe der Qualität ist wie die Streusel auf der Torte, das also, was auch unsere Stammgäste immer wieder neu überrascht. In unserem obigen Beispiel mit dem Autohaus kann Überraschungsqualität darin bestehen, den Wagen nach dem Service mit einer innen gereinigten Frontscheibe dem Kunden zurückzugeben. Und weil der Kunde so etwas nicht unbedingt gleich bemerkt, steckt das kleine Schildchen («Wir wünschen Ihnen klare Sicht») gleich im Rückspiegel des Wagens.

Was heißt das alles bei uns im Hotel Schindlerhof? Nehmen wir die telefonische Reservierung für ein kleines Bankett. Als Basisqualität erwartet der Gast in jedem Lokal, dass seine Reservierung korrekt aufgenommen und mündlich bestätigt wird. Von uns erwartet er aber mehr: Die Freundlichkeit der Mitarbeiter im

Schindlerhof ist sprichwörtlich. Es freut den Gast, dass er schon am Telefon nach Besonderheiten gefragt wird (etwa ob es ein besonderer Anlass ist, ob eine Gesamtrechnung oder Einzelzahlung gewünscht ist usw). Überrascht ist der Gast bei uns aber auch, wenn die Terminbestätigung innerhalb von nur einer Stunde per Fax bei ihm eintrifft.

Nehmen wir etwa das Einchecken des Hotelgastes. Der Gast erwartet bestimmt in jedem gepflegten Haus, dass er den Meldezettel nicht ein zweites Mal ausfüllen muss – und dass ihm auch ein Willkommensdrink offeriert wird. Vom Schindlerhof erwartet der Stammgast einen besonders aufmerksamen Service, etwa dass sein zweites Kopfkissen und die persönliche Begrüßungskarte wieder auf dem Zimmer sind. Er ist aber vielleicht auch verblüfft, wenn etwa die Zahnbürste, die er beim letzten Mal bei uns vergessen hat, zusammen mit einem persönlichen Kärtchen wieder im Bad steht.

Diese *Überraschungsqualität* wird immer wichtiger. Überraschungsqualität bleibt den Kunden am wirkungsvollsten in Erinnerung. Hier ist der Schlüssel bei der Erwartungsqualität, den Sahnehauben: Häufig ist es so, dass sich die Kunden, vor allem die Stammkunden, an die Sahnehauben (die Wettbewerbsvorteile eines Unternehmens) gewöhnen. Überraschungsmomente hingegen sind jedes Mal wieder aufs Neue wirksam.

Bei uns im Schindlerhof haben wir mit der Überraschungsqualität derart überzeugende Erfahrungen gemacht, dass wir uns damit auch deutlich von unseren Mitbewerbern abheben wollen. Die vielen Kleinigkeiten, die kleinen «Jas» und «Ohos», haben wir zu einer unserer Sahnehauben gemacht. Bei uns wird auch der Stammkunde, der mehrmals pro Jahr in unserem Tagungsbereich zu Gast ist, immer wieder neue Kleinigkeiten entdecken können.

> **Überraschungsqualität wird immer wichtiger. Überraschungsqualität bleibt den Kunden am wirkungsvollsten in Erinnerung.**

TUNE – Stimmung steuern

Um Kunden und Gäste überraschen oder gar verblüffen zu können, benötigen Sie wiederum Mitarbeiter, die hellwach sind.

Ein Beispiel: Wir hatten unseren beiden externen Beratern vor dem Einchecken in ihren Zimmern als kleine Überraschung eine Hand voll gelber Post-it-Zettelchen an verschiedenen Stellen hinterlassen. Eine unserer Führungskräfte hatte sich die Mühe gemacht und lockere Sprüche darauf geschrieben: «Was, schon wieder ein Bier?», klebte ein Zettelchen auf der Minibar, «Den Seinen gibt's der Herr im Schlaf», lag ein anderes auf dem Kopfkissen. Wir wollten einfach einmal etwas anderes machen als die persönlich geschriebene Begrüßungskarte oder das kleine Willkommensgeschenk auf dem Zimmer.

Natürlich mussten unsere beiden Stammgäste schmunzeln. Und als wir uns nach dem Einchecken noch zu einem Schlummertrunk trafen, flachsten wir noch ein wenig über die Sprüche. Aber schnell waren wir mit unseren Beratern bei der professionellen Diskussion: Gab es Zettelchen, auf denen allzu saloppe Sprüche standen? War denn sonst im Zimmer alles in Ordnung, hat es mit dem Anschließen des PCs an das Internet geklappt? Wie fandet ihr denn die Kerzen auf dem Rand der Badewanne?

So saßen wir spätabends in unserem Restaurant, die meisten Gäste waren schon gegangen, und wir redeten immer weiter.

«Mal ehrlich», sagte einer unserer Schweizer Berater, «eure Willkommensüberraschung mit den Zettelchen funktioniert ja nur, wenn sonst im Zimmer auch alles stimmt. Ihr könnt noch so witzige Zettelchen platzieren – wenn das Bier nicht richtig gekühlt ist oder mein Laptop sich nicht sofort am Internet anschließen lässt, pfeife ich persönlich auf witzige Zettelchen.»

«Logisch», antworteten wir, «wenn Kunden überrascht und begeistert sind, dann treffen immer verschiedene Faktoren zusammen. Wir müssen es nur schaffen, dass die Mitarbeiter in jedem Moment merken, ob die Faktoren zusammenpassen – und dass sie befähigt werden, in diesem Moment auch ihr Verhalten feinfühlig auf die Situation anzupassen.»

Als wir uns fünf Wochen später wieder mit unseren Beratern trafen, brachten sie das neue Konzept mit. Damit alle Mitarbeiter sich die Faktoren möglichst einfach merken können, teilten wir sie in vier Gruppen ein:

T otal begeistert – oder: Touched by the Spirit
U nterstützt durch sichere, stabile Abläufe
N atürliches Wohlbefinden
E nergie

Welche Faktoren stehen hinter diesen Buchstaben?
- Der Buchstabe T steht für «*t*otal begeistert» oder «*t*ouched by the spirit». Spüren Kunden einen besonderen Geist, eine besondere Atmosphäre (Spirit), wenn sie mit einem Unternehmen im Geschäft sind oder als Gast zu Besuch sind?
- Der Buchstabe U heißt, dass Kunden und Gäste bei ihrem Besuch, in der Auftragsabwicklung durch sichere, stabile Abläufe *u*nterstützt werden.
- Das N bedeutet *n*atürliches Wohlbefinden für die Kunden.
- Der Buchstabe E steht für *E*nergie, die die Kunden und Gäste im Kontakt mit dem Unternehmen bzw. seinen Mitarbeitern spüren sollen.

Im Kapitel drei (ab Seite 36) werden die einzelnen Faktoren genauer beschrieben. Wichtiger als ein einzelner Faktor ist das Zusammenspiel dieser vier Faktoren. Jeder von uns hat schon einen Konzertbesuch erlebt, wo alles gut ablief und alles in Ordnung war, wo man sich sehr entspannt und angenehm fühlte. Aber geknistert hat es dann doch nicht richtig. Der Funke ist nicht übergesprungen, heißt es dann in der Konzertkritik. Da war zu wenig T und E drin, sagen wir nach einem solchen Konzert.

Die Buchstabenfolge ergibt das englische Wort TUNE: «Tune» ist eines jener englischen «Mehrzweckworte» mit unterschiedlicher, ja schillernder Bedeutung. Es kann genauso Melodie bedeuten wie Gleichklang oder Einstimmung oder eben auch Feinabstimmung, auf jeden Fall also ein Begriff, bei dem es um atmosphärischen Wohl- oder Gleichklang geht. Daher drückt TUNE auch recht gut den Kern unseres Ansatzes aus: Es geht um das Feinabstimmen, eben um das Tunen von Momenten entlang der Servicekette mit unseren Kunden.

> Der Sound muss nicht immer gleich stark sein. Aber Kratzer und abrupte Übergänge dürfen nicht sein. Und spannende, einprägsame Passagen gehören dazu.

Und bleiben wir doch auch gleich beim Gleichnis vom Wohlklang: Die Stimmung ist der Sound entlang der Servicekette. Der Sound muss nicht immer gleich stark sein. Aber Kratzer und abrupte Übergänge dürfen nicht sein. Und spannende, einprägsame Passagen gehören dazu.

Unsere Führungskräfte waren von Beginn weg von TUNE begeistert. Sie hatten auf einmal ein leicht verständliches Instrument in der Hand, um mit ihren Mitarbeitern über das Feintunen von Verhalten zu sprechen. TUNE ist ein leichtes, handliches Führungsinstrument. Dagegen ist das EFQM-Modell eine perfekte, aber schwere Toolbox.

> Wir haben aus drei Kaffeekannen TQM einen doppelten Espresso gekocht – kleine Menge, konzentrierter Geschmack.

In den vier Buchstaben steckt eine ganze Menge des EFQM-Modells, der Spirit, die Abläufe, die Kundenzufriedenheit, die Energie für Ergebnisorientierung. Aber alles ist vereinfacht und reduziert. Wir haben aus drei Kaffeekannen TQM einen doppelten Espresso gekocht – kleine Menge, konzentrierter Geschmack. Und damit wird TQM für jeden Mitarbeiter genießbar.

So haben wir es in den letzten zwei Jahren geschafft, dass das Thema Qualitätsmanagement im Alltag bei allen Mitarbeitern präsent ist. Und dazu brauchen wir kein neues Zaubermittel, kein neues modisches Management-Thema. Es geht um die Kunst, in einer Situation den richtigen Mix zu finden. Das ist altmodisch und innovativ zugleich. In unserem Hotel hat uns diese Vereinfachung auf jeden Fall genützt.

Sensible Dienstleistung mit harter Ergebnisorientierung verbinden

Im Schindlerhof verbinden wir knallharte Ergebnisorientierung mit sensibler Gestaltung der Dienstleistung. Und wir lassen nie Zweifel aufkommen, dass für uns beides zusammengehört. Auch uns hat die wirtschaftliche Flaute in Deutschland im Frühjahr 2003 enorm zugesetzt. Aber wir versuchen immer blitzschnell zu reagieren. Die Unruhe bei allen Führungskräften nahm zu, obwohl in unserem Qualitätsmanagementsystem klar definiert ist, was bei Umsatzabweichungen von drei beziehungsweise fünf Prozent zu geschehen hat.

So schrieb ich wieder einmal einen Brief an alle, um den Ernst der Lage unmissverständlich darzustellen. Darin heißt es unter anderem: «Neben den in unseren Kostenmanagement-Stufen vereinbarten Gehaltskürzungen für die Führungskräfte kommen wir nicht um weitere Maßnahmen herum. Für die Zeit der Krise führen wir die Fünfeinhalb-Tage-Woche wieder ein. Wir werden unsere Teams nicht verkleinern. Ich bin gewillt, diese Krise mit unseren leistungsorientierten und unternehmerisch denkenden Teammitgliedern erfolgreich zu meistern, und verspreche die Rückkehr zur Normalität, sobald die Zahlen wieder im vereinbarten Rahmen liegen.

Wir verbinden knallharte Ergebnisorientierung mit sensibler Gestaltung der Dienstleistung.

Und das können Sie ja alle selbst täglich kontrollieren! Mit kämpferischen Grüßen, Ihr Klaus Kobjoll.»

So etwas kann natürlich nur funktionieren, wenn die Mitarbeiter von ihrem ersten Arbeitstag an bei uns diese Kultur der Ergebnisorientierung kennen gelernt haben. Bei uns lesen die Mitarbeiter jeden Morgen die aktualisierten Umsatzzahlen des Vortages. Bei uns kennen alle die Vorgaben für Waren- und Teamkosten in ihren Abteilungen. Und sie haben das Vertrauen, dass in besseren Zeiten auch wirklich wieder zum Alltag zurückgekehrt wird. Was bestimmt nicht funktionieren wird, ist ein «Management by Champignon» – alle Mitarbeiter im Dunkeln lassen, und wenn sie den Kopf aus dem Mist strecken, eins auf den Kopf geben.

Totale Transparenz bei den Ergebnissen ist Voraussetzung für unternehmerisches Mitdenken. Nur so ziehen die Mitarbeiter mit, wenn es gilt, Kosten zu sparen und gleichzeitig das Serviceniveau weiter zu steigern!

Für unser Hotel ist überlebensnotwendig, dass wir ein Team von Führungskräften und Mitarbeitern haben, die eine solche unternehmerische Haltung mittragen und bereit sind, für einen hohen Einsatz bei uns mitzuarbeiten. Wir sind darauf angewiesen, dass Mitarbeiter so flexibel sind, dass sie Mittagspausen opfern, abends zwei Stunden länger bleiben usw.

> In unserer Branche ist eine übers Jahr geregelte 40-Stunden-Woche ein Teilzeitjob für Blutarme.

Diese Bereitschaft haben viele Unternehmen nicht mehr eingefordert. Aber die Zeiten, in denen man darauf verzichten konnte, sind schon seit langem vorbei. In unserer Branche ist eine übers Jahr geregelte 40-Stunden-Woche ein Teilzeitjob für Blutarme.

Ergebnisorientierung ist aber nur die eine ausgeprägte Seite unserer Führungskultur. Momentorientierung die andere. Wir wissen, dass kein Tennisspieler gewinnen kann, wenn er sich zu sehr auf die Punktetafel statt auf den Ball konzentriert. Der nächste Ball, der Moment, zählt!

Erste Schritte aus diesem Kapitel:

- Achten Sie darauf, dass in Sitzungen mehr über Form und Stimmung der Mitarbeiter und weniger über das Erfüllen der Qualitätsnormen gesprochen wird!
- Gestalten Sie Checklisten und Formulare so, dass die Mitarbeiter nicht einfach stur abhaken oder ausfüllen müssen. Bauen Sie Selbstbeurteilungen ein: Wie war die Stimmung bei den Kunden? Wie im eigenen Team?
- Halten Sie den Mitarbeitern den Rücken frei, damit sie sich möglichst voll auf den Kontakt mit ihren Kunden konzentrieren können. Fragen Sie Ihre Mitarbeiter, welche Störfaktoren beseitigt werden müssen!
- Lassen Sie jeden Mitarbeiter wissen, wie viel von einem Euro Umsatz als Gewinn in der Unternehmung verbleibt!
- Überprüfen Sie, wie oft und wie schnell die Mitarbeiter positive und negative Rückmeldung über Erlebnisse mit Kunden erhalten!

3. Die TUNE-Faktoren

Den Service-Sound steuern

Kunden erleben ihren Besuch oder ihren Kontakt mit dem Unternehmen als eine Abfolge von einzelnen Schritten entlang einer Servicekette. Die Summe der positiven und negativen Momente verdichtet sich dann zu einem Gesamteindruck. Am Schluss fragt er sich: War dieser Service den bezahlten Preis wert oder nicht? Werde ich wiederkommen, werde ich dieses Unternehmen weiterempfehlen?

Was muss alles zusammenspielen, damit der Kunde zufrieden und begeistert ist? In unserem Ansatz haben wir, wie bereits berichtet, vier Faktorengruppen gebildet. Hier sind sie noch einmal:

- Der Buchstabe T steht für «*t*otal begeistert» oder «*t*ouched by the spirit». Spüren Kunden einen besonderen Spirit, wenn sie mit einem Unternehmen im Geschäft sind oder als Gast zu Besuch sind?
- Der Buchstabe U heißt, dass Kunden und Gäste durch sichere, stabile Abläufe *u*nterstützt werden.
- Das N bedeutet *n*atürliches Wohlbefinden.
- Der Buchstabe E steht für *E*nergie, die die Kunden und Gäste im Kontakt mit dem Unternehmen bzw. seinen Mitarbeitern spüren sollen.

T ouched by the spirit	Das Einzigartige hinüberbringen
	Werte und Sinn vermitteln
	Stolz und Begeisterung leben
	Das Kundeninteresse am Konzept berühren
U nterstützt durch sichere, stabile Abläufe	Ordnung und Funktionsfähigkeit
	Zuverlässigkeit
	Konstant und sicher in schwierigen Situationen
	Bequem
N atürliches Wohlbefinden	Angenehmes Erscheinen
	Positiver Dialog
	Sicher in schwierigen Situationen
	Entspanntes Umsorgen
E nergie	Antizipieren
	Einsatzbereitschaft
	Ansteckendes Wissen
	Zum nächsten Schritt bringen

Die Kunst in Dienstleistungsunternehmen besteht darin, den richtigen Mix zwischen diesen Faktoren zu finden. Wann ist es zu viel, wann zu wenig? Kundenbegeisterung ist die Summe von ausbalancierten Details. Man geht kaum wegen eines einzelnen Faktors zu einem bestimmten Unternehmen. Auch wenn Ihr Friseur noch so begeistert ist und alles tut, damit Sie sich wohl fühlen – wenn Sie einen schlechten Eindruck in Sachen Sauberkeit haben und jedesmal lange warten müssen, dann stimmt für Sie der Mix dieser vier Faktoren nicht mehr.

In unserem Ansatz haben wir auf der obersten Ebene vier Buchstaben für vier Faktorengruppen, die man sich auch gut merken kann. Diese vier Faktorengruppen können im Prinzip *jeder* Branche zugrunde gelegt werden.

Um die Stimmung entlang der Servicekette präziser steuern zu können, haben wir dann auf einer zweiten Ebene jeweils vier Unterkriterien zu jedem der vier Buchstaben festgelegt. Welches die relevanten Unterfaktoren sind, muss jedes Unternehmen in seiner Branche und für seine Position in der Branche selbst definieren. Hier also fangen die Unterschiede zwischen Ihrem und unserem Unternehmen an ... Unsere Unterkriterien sehen Sie zusammengefasst auf der vorhergehenden Seite.

In diesem Kapitel zeigen wir Ihnen Praxisbeispiele für die wichtigsten Unterkriterien. Einfach und doch präzis Serviceketten zu analysieren und einzelne Momente zu steuern – das ist unser Anspruch. Unser TUNE-Ansatz bedeutet für die Führungskräfte, sich und ihre Mitarbeiter auf das Hier und Jetzt zu konzentrieren. Alle unsere Teams bewerten täglich – im Anschluss an den Arbeitstag – ihre eigenen Leistungen nach diesen vier Faktorengruppen.

Das Gefühl für zu viel und zu wenig

Wenn wir in unserem Hotel eine Bankettveranstaltung haben, bei der das Serviceteam die Kunden zu wenig begeistern kann, dann wollen wir mit unserem neuen Ansatz den Mitarbeitern helfen, die richtigen Lösungen zu finden: Woran liegt's? Was müssen wir verändern? Unser Ziel ist es, dass jede Mitarbeiterin, jeder Mitarbeiter sich mit diesen Fragen beschäftigt und nicht nur der jeweilige Teamleader.

Wir trainieren unsere Mitarbeiter, damit sie selbst die angemessene Stärke der einzelnen Faktoren beurteilen können. Dazu haben wir vier Verhaltenszonen gebildet und für diese Bewertung der vier Faktoren eine ganz einfache Form der Darstellung gefunden. Wir verwenden die Notenlinien zum Violinschlüssel und lassen Führungskräfte und Mitarbeiter ihre sehr subjektive Einschätzung in dieser Skala einsetzen. Das sieht dann so aus:

Natürliches Wohlbefinden – Energie

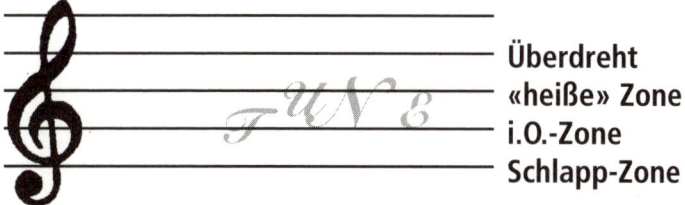

Überdreht
«heiße» Zone
i.O.-Zone
Schlapp-Zone

- Die «Schlapp-» oder Kalt-Zone: Hier sind das Verhalten der Mitarbeiter und unsere Produkte für unsere Kunden enttäuschend. Spinnenweben in einer etwas dunkleren Ecke eines Ganges – das ist ein schlappes U.
- Die i.O.-Zone: Das Verhalten der Mitarbeiter und Abläufe stimmen wohl, aber sie vermögen unsere Kunden noch nicht zu begeistern.
- Die «heiße» Zone: Hier wird das Erlebnis für den Kunden mitreißend, die Stimmung ist hervorragend.
- Die überdrehte Zone: In unserem gut gemeinten Bemühen, dem Kunden ein begeisterndes Erlebnis zu vermitteln, sind wir in solchen Momenten übers Ziel hinausgeschossen und haben durch unsere Überreaktion eher erschreckt als begeistert.

Das Ziel der Übung ist klar: Wir wollen damit erreichen, dass Mitarbeiter ihre persönlichen Einschätzungen mit den anderen Teammitgliedern abgleichen. So lernen sie auf spielerische Weise voneinander und bekommen schnell ein besseres Gefühl, wie man Momente so steuern kann, dass sie zu unserem Unternehmen passen.

Und um im Gleichnis der Musik zu bleiben: Ein Orchester darf nicht schlecht sein, um seinen Sound zu verbessern, im Gegenteil: Erst wenn alle Musiker auf einem guten oder hohen Niveau spielen können, wird es interessant, an den Feinheiten des

Sounds zu arbeiten. In unsere Notenskala-Sprache übersetzt: Von der i.O.-Zone in die heiße Zone zu gelangen – das ist die Kunst!

Der T-Faktor

Mit unserem Hotel Schindlerhof spielen wir natürlich preislich in einer hohen Liga. Seit über zehn Jahren garantieren wir jedem Kunden, der bei uns übernachtet, dass kein anderer Gast in derselben Zimmerkategorie einen anderen Preis hat. Das funktioniert nur, solange die Kunden bei uns den besonderen Spirit, den Schindlerhof-Geist spüren. Sobald wir mit unseren Mitbewerbern austauschbar werden, können wir unsere Preise nicht mehr halten.

In jeder Preiskategorie benötigen Sie einen besonderen Spirit, wenn Sie sich von ihren Mitbewerbern unterscheiden wollen. Sie wissen genau, was passiert, wenn die Kunden zu Ihnen nur noch wegen der tiefen Preise kommen: Wir berühren den Kunden im Kopf und bei der Brieftasche, aber nicht im Herzen. Und nur wegen des Preises verhält sich kein Kunde loyal.

Unternehmen, die es schaffen, einen besonderen Spirit zu entwickeln, haben einen zweiten Vorteil gegen innen: Mitarbeiter wollen stolz auf das Unternehmen sein, in dem sie arbeiten. Sie wollen die Persönlichkeit des Betriebes spüren. Was macht den Betrieb aus? Sie wollen gegenüber ihren Freunden und Bekannten gerne den Namen und den damit verbundenen Ruf des Unternehmens nennen.

Wenn ein Unternehmen diesen besonderen Geist nicht hat, fragt sich der Mitarbeiter: Wenn sich die keine besondere Mühe mehr geben, warum soll ich mich denn hier abrackern? Wir müssen es schaffen, das Besondere an unserem Unternehmen in den Herzen der Mitarbeiter zu verankern!

Natürliches Wohlbefinden – **E**nergie

Wir schaffen das bei uns im Schindlerhof mit vier verschiedenen Mitteln:
- Wir schaffen es, das Einzigartige, unsere Wettbewerbsvorteile für die Kunden und Mitarbeiter erlebbar zumachen.
- Wir lassen unsere Kunden unsere Werte erleben.
- Wir fördern bei unseren Mitarbeitern Stolz und Begeisterung für das, was sie tun.
- Und es gelingt uns, das Kundeninteresse an unserem Konzept zu wecken.

Das Einzigartige hinüberbringen

Wieso kommen die Kunden zu Ihnen und nicht zu Ihren Mitbewerbern? Können Sie die Erwartungen Ihrer Kunden in einem oder mehreren wichtigen Bereichen deutlich besser erfüllen als Ihre Mitbewerber? Erlebt der Kunde bei Ihnen nur Basisqualität, Tortenboden, oder ist er beeindruckt und begeistert von den Sahnehauben obendrauf?

Wettbewerbsvorteile heißt das auf Management-Deutsch. Bei uns fokussieren wir auf drei Bereiche, die unsere Kunden als einzigartig erleben sollen:
- die Herzlichkeit der Mitarbeiter;
- das Ambiente: dazu gehörten die gesamte historische Außenanlage, die Dekorationen am Haus und natürlich die sorgfältig ausgesuchte Inneneinrichtung;
- die vielen kleinen «Ohos» und «Ahas»; das sind die Kleinigkeiten, die der Gast während seines Aufenthaltes erlebt, derentwegen er den Schindlerhof schätzt und auch als Stammgast immer wieder überrascht wird.

Hüten Sie sich als Dienstleistungsunternehmen davor, auf Teufel komm raus auf besonders ausgefallene Wettbewerbsvorteile zusetzen. Meist sind die für die Kunden nicht einmal besonders matchentscheidend.

Uns stört es überhaupt nicht, dass wahrscheinlich noch Hunderte von anderen Hotels in Deutschland ebenfalls die Mitarbeiter als einen ihrer Wettbewerbsvorteile bezeichnen. Nicht der schön formulierte Leitsatz gilt, sondern die Qualität in der Umsetzung: Wer schafft es, dieses Thema so gut umzusetzen, dass anspruchsvolle Kunden die Herzlichkeit der Mitarbeiter und den Teamgeist deutlich spüren? Leitbilder und von Betriebsberatern verordnete «Visionen» gibt es viele, aber Papier ist bekanntlich geduldig.

In vielen Unternehmen wissen von zehn Mitarbeitern acht nicht, was im Leitbild ihrer Firma steht und wie sich das Unternehmen von den schärfsten Mitbewerbern unterscheidet. Wofür will Ihr Unternehmen berühmt sein? Nur wer sich seine Sahnehauben immer vor Augen hält, macht sie zu wirklichen Wettbewerbsvorteilen.

Werte und Sinn vermitteln

In vielen Unternehmen erkennen die Mitarbeiter keinen höheren Sinn in ihrer Arbeit. Kein Wunder, dass darum viele nach einer 40-Stunden-Woche müde sind. Der Gründer des schweizerischen Einzelhandelsmarktführers Migros, Gottlieb Duttweiler, schrieb vor mehr als 70 Jahren: «In der modernen Welt wird der Erfolg jenen gehören, die es verstehen, um ihr Unternehmen eine Ideenwelt aufzubauen, die die Energien ihrer Mitarbeiter anfeuert, aber auch Achtung und Sympathie ihrer Abnehmer gewinnt.» Wenn das nicht einsichtig und weitsichtig war!

Der Gast steht im Mittelpunkt all unseres Tuns.

Bei Werten und Empfindungen geht es nicht um die sofort erkennbare Einzigartigkeit. Es geht um etwas Tieferes, um etwas Verborgenes! Es geht um das, was das Unternehmen im Innersten zusammenhält. Was leitet uns in der täglichen Arbeit? Wie wollen wir etwas tun? Falsch ist es, nur die Frag aufzuwerfen, *was* denn getan werden soll. Und genau das wird für viele Kunden und Gäste ein immer wichtigerer Punkt. Bei uns im Schindlerhof sind vier Werte leitend:

- Der Gast steht im Mittelpunkt all unseres Tuns.
- Auch Gutes kann dauernd verbessert werden.
- Dienen kommt vor Verdienen.
- Freude, Harmonie und Freiheit sind die Strahlen unserer gemeinsamen Unternehmens-Sinn-Vision.

Und damit wir uns richtig verstehen: Es dreht sich hier nicht um ein paar feine Worte aus dem Betriebsberater-Sprücheklopf-Generator – es handelt sich um jene Werte, die unserer Besitzerfamilie am wichtigsten sind. Jeden Abend frage ich mich bei einem kurzen Rückblick auf den Tag, in welchen Momenten ich diese Werte auch *vorgelebt* habe.

Werte wie Professionalität, Sicherheit, Höflichkeit, Perfektion, Herzlichkeit, Kompetenz, Glaubwürdigkeit, *commitment* usw. können das ausdrücken, was ein Unternehmen seinen Mitarbeitern und seinen Kunden vermitteln will. Wichtig ist, dass sich ein Unternehmen für vier bis sechs Kernwerte entscheidet.

An zu viele Werte können Mitarbeiter sich nicht erinnern – auch Führungskräfte und Eigentümer nicht! In der Regel fällt es Führungskräften verhältnismäßig einfach, den Bestand der vorhandenen Werte im Unternehmen zusammenzutragen. Meist kommen zwölf bis zwanzig solcher Werte zusammen. Dann müssen diese auf eine Hand voll Kernwerte verdichtet werden. Das ist für jedes Führungsteam immer eine sehr bereichernde Erfahrung. Alle spüren, es geht um das, was uns zusammenhält!

Werte zu formulieren und zu kommunizieren, ist nur der Anfang. Leben Sie mit Ihrem Führungsteam diese Werte vor. Mitarbeiter wollen Sie hautnah erleben, wie Sie das leben, was Sie predigen! Sam Walton, der Wal-Mart-Gründer und einer der reichsten Männer der Welt, steigt bei seinen Geschäftsreisen jeweils immer in einem günstigen Hotel ab. Sein Kommentar dazu ist: «Wenn ich einen Dollar einsparen konnte, hab ich ihn für die Kunden zur Verfügung.» Das ist eine wunderbare kleine Geschichte, die viel über Werte in seinem Unternehmen aussagt.

Ein Hotelierkollege machte beispielsweise einen Betriebsausflug der besonderen Art. Er fuhr mit allen Mitarbeitern über ein Wochenende weg. Wer jetzt aber ein geschlossenes Hotel erwartet hatte, der lag falsch. Der Hotelier überzeugte nämlich viele Partner, einen eingeschränkten Betrieb aufrechtzuerhalten: Mitarbeiter von Lieferanten und Angehörige der Mitarbeiter sprangen ein. Der Dorfparrer war sogar hinter der Rezeption anzutreffen. So trugen viele Menschen dazu bei, dass das Team nach einer harten Saison trotzdem einen gemeinsamen Ausflug machen konnte. Mit dem, was man tut, die Werte des Unternehmens vermitteln! Wenn Werte und Verhalten in Einklang sind, dann lässt dies weder Mitarbeiter noch Partner, noch Kunden kalt.

Mit dem, was man tut, die Werte des Unternehmens vermitteln!

Stolz und Begeisterung leben

In unserem Hotel musste der externe Gärtner einen von einem betrunkenen Autofahrer angefahrenen Baum wieder richten. Es war faszinierend, ihm bei der Arbeit zuzusehen. Sorgfältig und liebevoll ging er mit dem Baum um und erklärte uns nachher, welche Folgeschäden allenfalls auftreten könnten. Es kam mir vor, wie es in der Notaufnahme in einem Spital eigentlich sein müsste. Seine Begeisterung hat uns angesteckt, noch nie habe ich mich auf unserem Anwesen so viel um einen Baum gekümmert.

Unsere eigene Küchenmannschaft lebt Stolz und Begeisterung. Im TUNE der Küche hat das Team dazu selbst festgelegt: «Die liebevolle Anrichtungsweise zeichnete alle unsere Gerichte aus. Geschmack und Zubereitung haben uns selbst begeistert.»

Stellen Sie sich vor, wie bei uns jetzt Probeessen ablaufen. Könnte das nicht noch ein wenig liebevoller sein? Was, dieser Geschmack hat euch selbst begeistert? Es macht wirklich Freude, wenn sich die Küche die Messlatte selber sehr hochlegt.

Häufig werden wir als Kunden im Alltag von wenig bis mittelmässig interessierten Mitarbeitern bedient. Umso mehr kann sich ein Unternehmen profilieren, wenn die Kunden Stolz und Begeisterung bei den Mitarbeitern spüren. Es ist wie in der Geschichte mit den beiden Steinmetzen. Der eine antwortet auf die Frage, woran er denn gerade arbeite, er schlage mühsam Steine für den Bau einer Kirche zurecht. Der andere antwortet, er baue an einer Kathedrale mit. Als Kunden erleben wir heute zu viele Mitarbeiter, die nur noch Steine zuhauen.

In unserem Hotel wollen wir, dass Mitarbeiter stolz sind auf den Beitrag, den sie an das gesamte Unternehmen leisten – und dass sie dies die Kunden spüren lassen.

Stolz und Begeisterung kann man aber auch ganz bewusst in seine Dienstleistungen mit einbauen. So findet zum Beispiel jeder Porsche-Käufer im Kofferraum den Namen des Mitarbeiters, der die letzten Handgriffe am Auto verrichtet hat – ein kleines Detail, das Sicherheit und Vertrauen vermittelt. Und es wirkt so, als ob dieser Mitarbeiter das ganze Fahrzeug für den Kunden fertiggestellt hätte.

Stolz und Begeisterung leben, bedeutet manchmal auch für

Führungskräfte und Unternehmer, Spinnereien zu pflegen. Wie etwa der Gastrounternehmer, der seine japanische Köchin zum Pastaproduzenten schickt, damit die beiden so lange herumprobieren, bis aus deutschem Bioweizen japanische Ramen-Nudeln hergestellt werden können. Stolz kann den Kunden auch humorvoll vermittelt werden. So schreibt etwa ein Bauer für seinen Hofverkauf: «Die dümmsten Bauern haben die größten Kürbisse, woher kommen die dümmsten Bauern? Darum gibt's hier die besten Kürbisse aus unserer Region.» Spaß passt zwar nicht immer und nicht überall – aber Freude und Stolz.

Das Kundeninteresse am Konzept berühren

Wenn Kunden wirklich begeistert sind, dann äußern sie auch ihr Interesse an dem, was sie gerade erlebt haben, und am Konzept, das dahinter steckt. In der Gastronomie haben wir das geschafft, wenn Gäste nach einem Rezept und den Zubereitungstipps fragen. Oder wenn sie wissen wollen, ob sie denn dieses Brot, diese Terrine auch kaufen könnten.

«Konnten wir heute unsere Kunden mit dem Besten unseres Unternehmens berühren?» Das müssen Sie sich jeden Tag fragen. Damit sich bei uns Kunden intensiver für unsere Küche interessieren, haben wir unter anderem eine Glasscheibe eingebaut. Man kann sie auf Knopfdruck von der Küche aus durchsichtig oder nicht durchsichtig, milchig stellen. Wo werden wir transparenter und zeigen zugleich, wie bei uns der Laden läuft. Aber es gibt hier natürlich auch Ausnahmen: Wenn ein Schwein zerlegt wird, dann wird natürlich auf milchig gestellt ...

Interesse wird aber auch durch das Verhalten der Mitarbeiter am Tisch geweckt. Natürlich bringt die Standardfrage: «War das Essen recht?» unsere Gäste nicht dazu, sich für unser Konzept zu interessieren. «Wie hat's Ihnen geschmeckt?», weckt bereits ein wenig mehr Interesse. Und wenn unsere Mitarbeiter fragen: «Haben Sie noch eine Anregung für unseren Küchenchef?», kann sich aus dem Moment heraus ein kurzes, gutes Gespräch mit interessanten Anregungen ergeben. Wir lernen und wir wecken das Interesse des Kunden gleichzeitig.

Wir wollen den Spirit unseres Familienbetriebs natürlich auch bei der Suche nach neuen Mitarbeitern und Führungskräften kommunizieren. Obwohl wir für unser Team von 70 Mitarbeitern jeden Monat zwischen 15 und 20 ungefragte Bewerbungen bekommen, schalten wir auch immer wieder Anzeigen bei der Besetzung von Führungspositionen.

Family-owned – proudly independent. Eigentlich sind wir nicht nur ein Hotel, sondern eine Unternehmerschule für zukünftige Entrepreneure.

An einer Anzeige haben wir ganz intensiv gearbeitet, bis sie wirklich zu uns passte: «Family-owned – proudly independent. Eigentlich sind wir nicht nur ein Hotel, sondern eine Unternehmerschule für zukünftige Entrepreneure ... Einige Jahre in unserer legendären Führungscrew, und Sie haben alles, was Sie für Ihre Selbstständigkeit – oder jede andere Karriere – brauchen. Dafür gibt es unser Total Quality Management, unsere Schindlerhof-Akademie und – last but not least – viel Arbeit. Die folgenden Nachwuchs-Führungspositionen warten auf talentierte und leistungshungrige Bewerberinnen und Bewerber – am liebsten ohne Konzernerfahrung ... Nicole, Renate und Klaus Kobjoll freuen sich auf Sie.» Damit nahmen wir bereits von Beginn weg eine Selektion vor: Wir wollen ja nur Führungskräfte auswählen, die sich von unseren Ansprüchen berühren lassen.

Wecken Sie das Interesse Ihrer Kunden, auch wenn Sie nicht mehr mit ihnen im direkten Kontakt sind. Lassen Sie die Kunden an Ihren eigenen Erfolgen teilhaben. Sie können sogar so weit gehen, dass Sie Ihre Kunden in Ihre eigenen Interessen einbinden. So steht beispielsweise bei einem Schweizer Hotelier die weltweit größte Whisky-Bar. Sie entstand dadurch, dass der Hotelier als passionierter Whisky-Liebhaber stilvolle Degustationen mit interessierten Gästen zelebrierte. Seine Stammgäste waren von ihm und seiner Sammelleidenschaft derart begeistert, dass sie ihm aus aller Welt Whisky mitbrachten. Das ist der Königsweg: Kunden denken möglicherweise an Ihr Unternehmen, auch wenn sie nicht unmittelbar mit Ihnen zu tun haben.

Wir wecken ebenfalls das Interesse der Partner an unserem Konzept: Banken und Geschäftspartner reagieren natürlich begeistert auf die Art, mit der wir etwa unsere Ziele auch gegen außen kommunizieren. Immer pünktlich am ersten Januar erhalten sie meinen Jahresrückblick und unsere Ziele für das kommende Jahr. Lieferanten und Handwerker bieten dann auch schon mal spontan ihren Beitrag zur Erreichung unserer Ziele an. So werden bei Bedarf Reparaturen auch problemlos nachts durchgeführt, damit unser Hotel tagsüber den Gästen zur Verfügung steht.

Hier liegt eine der wichtigsten Quellen zur Motivation: ==Wenn Menschen wissen, dass sie mit ihrer Arbeit helfen, das Unternehmen zu verbessern, sind sie hochmotiviert.==

Der U-Faktor

In unserem TUNE-Modell steht das U für «unterstützt durch stabile, sichere Abläufe». Das tönt nicht gerade spektakulär. Das ist es auch nicht, aber es ist unabdingbare Voraussetzung für Spitzenleistungen. Was nützt es dem Kunden, wenn er am Telefon mit einem originellen Ansagetext und überaus freundlich begrüßt wird, er aber nachher dreimal weiterverbunden wird, bis er endlich seinen gewünschten Gesprächspartner im Unternehmen gefunden hat?

Damit der Kunde oder Gast ein sicheres Gefühl hat, durch stabile und sichere Abläufe unterstützt zu werden, braucht es vier Dinge:

- Ordnung und Funktionsfähigkeit,
- Zuverlässigkeit,
- Konstanz auch in schwierigen Situationen,
- kundenfreundlich-bequemen Kontakt mit dem Unternehmen.

Hinter stabilen und sicheren Abläufen steckt unheimlich viel Arbeit. Das U ist das Heimspiel des klassischen Qualitätsmanagements.

Viele Unternehmen sind durch die Einführung der ISO-Norm viel stabiler geworden. Als unser Hotel sich 1995 als erstes Hotel in Deutschland ISO-zertifizieren ließ, machten wir in Sachen Genauigkeit und Sicherheit der Abläufe einen Sprung nach vorn. In all den Jahren haben wir uns natürlich immer weiterentwickelt und sind in unseren Abläufen sicherer geworden. Je stabiler und sicherer das Fundament, desto freier und lockerer bewegen sich Mitarbeiter. Das ist eines unserer Geheimnisse. Viele Besucher und Branchenkollegen, die den besonderen Geist bei unseren Mitarbeitern spüren, unterschätzen die grundsoliden, eingespielten Ablauforganisationen im Hintergrund.

Je stabiler und sicherer das Fundament, desto freier und lockerer bewegen sich Mitarbeiter.

Um unsere Gäste bei ihrem Aufenthalt durch möglichst sichere, stabile Abläufe zu unterstützen, arbeiten wir seit jeher mit umfangreichen Checklisten und Selbstbeurteilungsformularen. Sie waren schon immer unser wichtigstes Hilfsmittel im Qualitätsmanagement.

Um den U-Faktor noch mehr ins Bewusstsein aller Mitarbeiter zu rücken, haben bei uns alle Abteilungen ihre eigenen wichtigsten Unterkriterien selbst definiert. «Unterstützt durch stabile Abläufe» heißt etwa bei unserem Empfangsbereich:
- Alle Wunschzimmer konnten zugeteilt werden.
- Die VIPs haben VIP-Pakete auf ihren Zimmern.

Touched by the spirit – Unterstützt durch sichere Abläufe

- Der Check mit AO ist erfolgt.
- Die Begrüßung jedes Gastes erfolgte herzlich.
- Stammgäste wurden mit Namen begrüßt.
- Eventuelle Anreisegeschenke wurden übergeben.
- Die Gästedaten wurden gecheckt und bei Bedarf aktualisiert.
- Welcome-Drink bzw. Espresso wurde angeboten.
- Tiefgaragenstellplatz wurde angeboten.
- Alle Erstgäste wurden aufs Zimmer begleitet.
- Das Anwesen wurde erklärt.
- Frühstückszeit wurde genannt.
- Tagungsbereich wurde erklärt.
- Alle Rechnungen wurden geschrieben.
- Alle Anfragen/E-Mails/Faxe des Tages wurden beantwortet.
- Die Postfächer wurden bearbeitet.
- Reservierungen sind gecheckt und korrekt abgelegt.
- Wichtigkeiten fürs Team sind im Kalender eingetragen bzw. übergeben.
- Gepäckhilfe wurde angeboten.

Zeitkultur ist für uns ein ganz großes Thema. Pünktlichkeit und Zuverlässigkeit müssen ganz bewusst kultiviert werden. Deshalb besuchen alle unsere Mitarbeiter in den ersten Monaten bereits ein Ziel- und Planungsseminar. Wir betrachten Unpünktlichkeit nicht als eine Schwäche im Sinne einer natürlichen Begrenzung, sondern als eine nicht zu tolerierende Flegelei. Wir haben bei uns die Regel eingeführt, dass es bei jeder Unpünktlichkeit im Frühdienst gleich die gelbe Karte gibt.

Wir haben bei uns die Regel eingeführt, dass es bei jeder Unpünktlichkeit gleich die gelbe Karte gibt.

Mir imponiert der Zahnarzt, der in seiner Praxis dem Kunden verspricht, dass bei einer Wartezeit von mehr als 15 Minuten eine Reduktion von 30 Euro erfolgt. Eine ganz einfache Regelung, die für alle Mitarbeiter und für alle Kunden erleichternd und klärend wirkt. Und die Summe der Rückerstattung ist auch eine hervorragende und einfach zu erhebende Kenngröße für die Zeitkultur in seinem Unternehmen. In der ersten Arbeitswoche werden allen neuen Mitarbeitern in unserem Unternehmen eigene Ordnungsbereiche zugeteilt. Schilder mit dem Namen des Betreffenden erinnern sie ständig daran, wofür sie punkto Sauberkeit und Ordnung verantwortlich sind.

Auch bei uns stimmt der U-Faktor nicht immer. Dafür setzen wir Mystery-Besucher ein, die uns nach einem umfangreichen Kriterienkatalog gnadenlos offen unsere Schwächen aufdecken können. Wenn etwa eine Anfahrtsbeschreibung nicht angeboten wurde, obwohl es auf der Checkliste steht, dann heißt das schlicht und einfach: Dranbleiben und hart daran arbeiten.

==Hier wie überall sind Menschen und nicht Automaten am arbeiten. Wir verstehen meist sehr gut, dass Fehler passieren, aber wir akzeptieren sie nicht.== Deshalb ist bei uns der auch schriftlich dokumentierte Umgang mit Fehlern ein ganz wichtiger Teil unserer Qualitätskultur und ein wichtiger Bestandteil der Mitarbeiterbeurteilung.

Konstant und sicher in schwierigen Situationen

Das gute Gefühl, das Kunden haben, wenn man sie durch sichere und stabile Abläufe unterstützt, wird besonders dann auf die Probe gestellt, wenn hohe Arbeitsbelastung oder ausgefallene Situationen auf die Mitarbeiter zukommen.

Wenn unsere Mitarbeiterin am Empfang vor lauter Telefonanrufen einen roten Kopf hat, dann ist es nichts als natürlich, dass sie unsere Qualitätsstandards nicht mehr gleich sorgfältig und konstant erfüllen wird. Dann fragt sie beim Kunden nicht immer die Dinge zurück, die sie rückfragen sollte. Oder in der Hektik geht auch einmal ein Punkt ganz vergessen.

Wenn wir mit einzelnen Mitarbeitern oder Teamleadern über diesen Punkt sprechen, unterscheiden wir verschiedene Stufen der Kompetenz:
- Auch ohne besonderen Druck wirken die Abläufe bei einem Mitarbeiter häufig unsicher.
- In leichten Drucksituationen und bei nichtalltäglichen Kundenwünschen wirken Abläufe manchmal unsicher.
- Unter starken Drucksituationen und bei ausgefallenen Kundenwünschen wirken Abläufe gelegentlich unsicher.
- Auch in starken Drucksituationen und bei ausgefallenen Kundenwünschen wirken Abläufe sehr sicher.

Die Kompetenz für diesen U-Faktor kann durch verschiedene Möglichkeiten gesteigert werden. Die Hotelkette Ritz-Carlton, die für ihren exzellenten Service berühmt ist, rechnet ihren neuen Mitarbeitern vor, was beispielsweise ein nicht gemachtes Bett in einem Anreisezimmer bedeutet: Die Hausdame verliert zehn Minuten, die Empfangschefin verliert nochmals zehn Minuten, der Gast erhält einen Gratiscocktail, ein Entschuldigungsbrief wird geschrieben – all das verursacht Kosten. Das zeigt auch, wie wichtig es ist, das Bewusstsein der Mitarbeiter für die Konsequenzen solcher Drucksituationen zu schärfen.

Wir wollen unsere Mitarbeiter sensibilisieren und ermutigen, Drucksituationen und Ausnahmemomente genau zu analysieren und daraus zu lernen.

Wie viele andere Unternehmen in der Dienstleistungsbranche führen wir für alle unsere Mitarbeiter interne Schulungen zum Umgang mit Stress durch. Wir wollen sie befähigen, besser damit umzugehen. Wir wollen sie aber auch sensibilisieren und ermutigen, solche Drucksituationen und Ausnahmemomente genau zu analysieren und daraus zu lernen.

Viele schriftliche Verbesserungsvorschläge werden genau durch solche Vorfälle angeregt. Manchmal ergänzen wir unsere

Checklisten und Verfahrensbeschriebe um diese Sonderfälle. Immer fließen diese kritischen Ereignisse in die Teambesprechungen ein, und sehr häufig werden sie dann in die Trainings der einzelnen Teams eingebaut.

Unter Druck zuverlässig zu arbeiten, hat nachhaltige Konsequenzen: Es macht keinen Sinn, allzu viele Qualitätsstandards gleichzeitig auf einem sehr hohen Niveau einzuführen. Es ist sinnvoller, nur jeweils eine oder zwei Neuerungen einzuführen und diese so lange zu trainieren, bis sie auch unter hohem Druck bei möglichst allen Mitarbeitern perfekt sitzen. Kunden werden erst dann zu begeisterten Fans, wenn sie wissen, dass sie sich auf den Service verlassen können.

Bequem, einfach, schnell

Bequemlichkeit oder Convenience ist zu einem Zauberwort in unserer modernen Dienstleistungsgesellschaft geworden. Immer weiter entwickelt sich die Anspruchshaltung: Schnell und einfach und möglichst rund um die Uhr.

In unserem Hotel sind die Reservierungsbücher rund um die Uhr offen, wir wollen zu jeder Tages- und Nachtzeit erreichbar sein. Tagungen können bei uns auch am Heiligen Abend gebucht werden. Denken Sie sich die Parallelen zu anderen Branchen: Der Optiker bietet seinen Stammkunden den individuellen Ladenbesuch außerhalb der normalen Öffnungszeiten an. Das Modegeschäft informiert seine guten Kundinnen über das Eintreffen der neuen Kollektionen. Bei den besten Kundinnen geht die Chefin gleich mit ausgewählten Stücken zu ihren Kundinnen nach Hause. In einigen Autobahnraststätten können Sie am Morgen Ihre Kleider zur Reinigung bringen oder sie ausbessern lassen und am Abend wieder mit nach Hause nehmen.

Um für die Kunden und Gäste das Beste in Sachen Bequemlichkeit zu bieten, müssen Sie heute kreativ sein. Wie der Gastronom, der eigens für seinen Betrieb Flüssigzucker entwickeln lässt, damit die Gäste den hausgemachten Eistee süßen können (weil sich Kristallzucker in kalten Getränken nur schwer auflösen lässt). Prüfen Sie mit den Augen ihrer Kunden, welche Details, welche Kundenkontakte in Ihrem Unternehmen unpraktisch gelöst sind. Suchen Sie das intensive Gespräch mit ausgewählten Kunden. Durchdenken Sie Ihre Abläufe, ob Sie nicht für Ihre Kunden eine viel höhere Bequemlichkeit einbauen können.

So gibt es Ärzte, die für ihre berufstätigen Patienten, die zu früh zu einem Termin erscheinen und noch Arbeiten zu erledigen haben, einen geeigneten Arbeitsplatz zur Verfügung gestellt haben. Für Routineuntersuchungen wird dem Patienten automatisch ein Recall, eine Erinnerung, zugestellt. Damit man auch wirklich keinen Termin vergisst, kann man sich über sein Handy gleichzeitig mit einem SMS an den Arzttermin erinnern lassen. Und für länger dauernde Behandlungen kann man seine eigenen CDs mitbringen oder aus der kleinen Kollektion in der Praxis auswählen. Das sind durchdachte Serviceketten, die von immer mehr Kunden erwartet werden.

Denken Sie bei Bequemlichkeit auch an spezielle Kundengruppen, zum Beispiel an Menschen mit Allergien, mit Haustieren oder an extragroße Menschen. In den letzten hundert Jahren wurden die Menschen im Durchschnitt mit jeder Generation ein wenig größer. Acht Prozent der Schweizer Männer sind beispielsweise über 1,87 Meter groß. Für diese Zielgruppe der groß Geratenen hat ein Hotel in der Schweiz fünf Zimmer mit Spezialbetten ausgerichtet, die bis auf 2,20 Meter verlängert werden können. Auch die Spiegel wurden höher gehängt. Das ist Bequemlichkeit, die dem Kunden in Erinnerung bleibt.

Der N-Faktor

In TUNE ist der N-Faktor der Bereich, bei dem Unternehmen am meisten an Grenzen stoßen. «Der Deutsche bedient lieber eine Maschine als einen Menschen», hat Minoru Tominaga, der japanische Qualitätspapst, schon vor Jahren festgestellt. Das ist sicher überzogen, doch die meisten von uns haben als Touristen in anderen Kulturen natürlichere, freundlichere und zuvorkommendere Menschen erlebt.

In den letzten Jahren hat sich in unserem Lande in Sachen Servicekultur viel bewegt, die Ansprüche der Kunden im Bereich Wohlfühlen sind aber nach oben enorm gestiegen. Damit die Kunden bei uns ein natürliches Wohlgefühl entwickeln können, müssen verschiedene Dinge zusammenspielen. Bei uns haben wir sie so definiert: Ausschlaggebend sind

- das angenehme und gepflegte Aussehen der Mitarbeiter, des Ambientes oder der Produkte,
- der freundliche, positive Dialog mit dem Kunden,
- die Sicherheit in schwierigen Situationen, die Mitarbeiter vermitteln,
- das entspannte Umsorgen der Kunden, durch das sie sich gut aufgehoben fühlen.

Fitness, Wellness, Mindness: Im Hotel der Zukunft zählt in den nächsten Jahren nach dem deutschen Trendforscher Horst Opaschowski vor allem eins: Wohlfühlen. Sich wie zu Hause fühlen reicht bestimmt nicht. Es muss viel schöner sein. Unsere Gäste suchen Auszeit vom Alltag.

Für die meisten Unternehmen liegt die Schwierigkeit beim Wohlfühlfaktor darin, dass sich dieser Bereich nie so klar beschreiben lässt, wie das bei anderen Faktoren möglich ist. Wenn etwa ein Mitarbeiter am Telefon etwas schnell und direkt auf das Argument eines Kunden reagiert, so ist das für einen anderen

Mitarbeiter im Team bereits ein schwaches N, während sein Kollege genau weiß, mit welchem Kunden auf diese Weise gesprochen werden kann und damit der Tonfall überhaupt kein Problem ist.

Und trotzdem können Sie es nicht nur beim Appell an Herzlichkeit und Freundlichkeit belassen. Auch Sie müssen an konkreten Punkten intensiv mit den Mitarbeitern Vereinbarungen treffen, was denn genau in Ihrem Unternehmen darunter verstanden werden soll.

Angenehme Erscheinung

Für das Wohlbefinden der Kunden spielen verschiedene Dinge eine Rolle: die äußere Erscheinung der Mitarbeiter, die physische Umgebung am Verkaufspunkt (Ladenlokal, Besucherzone, Gastbereich), die gekauften Produkte im engeren Sinne und die Kommunikationsmittel des Unternehmens. Im Bereich der Servicequalität kommt dem Auftreten der Mitarbeiter natürlich die allergrößte Aufmerksamkeit zu.

Wir können noch so gute Speisen auf dem Teller und in den Zimmern anbieten: Wenn im direkten Kontakt zwischen Mitarbeiter und Gast der Funke nicht überspringt, werden unsere Gäste auch nicht mit einem guten Gefühl nach Hause gehen.

Wir achten sehr sorgsam darauf, dass allen neu eintretenden Mitarbeitern vermittelt wird, was die Gäste in unserem Hause unter einem guten Benehmen von allen Mitarbeitern erwarten dürfen. Willkommen heißen, das Grüßen der Gäste und Kunden beim Vorbeilaufen, der Augenkontakt, die Gestik, die Wortwahl beim Verabschieden, das Begleiten und Türeöffnen usw.

Gerade in Dienstleistungsbranchen haben Mitarbeiter oft einen ganz anderen Erfahrungshintergrund als die Kunden. Das junge portugiesische Zimmermädchen und der gestandene Seminarleiter aus einem Konzern kommen aus verschiedenen Welten – aber sie begegnen sich in unserem Hotel auf dem Gang.

Unterschiedliche Sprache, Lebensweise, das Wissen um ungeschriebene Regeln im Umgang untereinander sind deshalb für den Kontakt zwischen Mitarbeitern und Kunden von herausragender Bedeutung. Neu eintretende Mitarbeiter haben oft noch kein hoch entwickeltes Gefühl, was für die Kunden ein angenehmes Benehmen ist. Hier müssen wir unseren Mitarbeitern mit Schulungen helfen und ihnen Sicherheit vermitteln. Im Bereich gutes Benehmen coacht auch jede Führungskraft ihre neuen Mitarbeiter sehr intensiv.

> **Unterschiedliche Lebensweise und das Wissen um ungeschriebene Regeln im Umgang untereinander sind für den Kontakt zwischen Mitarbeitern und Kunden von herausragender Bedeutung.**

Aus der Sicht des Kunden ist oft die Mitarbeiterbekleidung ein sehr empfindlicher Punkt. Wahrscheinlich sind wir auf unserem Preisniveau eines der wenigen Hotels in Deutschland, in dem es außer in der Küche keine starren Kleidervorschriften oder gar Uniformen gibt. Wir wollen auch hier unserer Leitidee von selbstständigen Mitarbeitern treu sein und setzen ein gehöriges Maß an Eigenverantwortung bei unseren Teammitgliedern voraus. Natürlich haben auch wir in unseren Spielregeln vieles festgelegt: kein sichtbares Piercing, nur dezenter Schmuck, keine Stiefeletten usw. Andere Unternehmen gehen hier viel weiter und haben schriftliche Regelungen zu Haarschnitt, Barttracht, Mundhygiene, Rauchen, Kaugummikauen usw. festgelegt.

Aber grundsätzlich wollen wir Mitarbeiter und wir wählen sie auch nach dem Kriterium aus, ob sie mit dieser Freiheit umgehen können. Das Wohlfühlen des Gastes hängt nicht nur vom Aussehen der Mitarbeiter allein ab, sondern auch von deren Verhalten. Kennen Sie das Gefühl als Kunde in einem Ladenlokal, in dem Sie sich in aller Ruhe ein wenig umsehen wollen, aber dauernd durch das Verhalten der Mitarbeiter im Hintergrund gestört werden?

Mitarbeiter müssen das Verständnis dafür entwickeln, wie ihr eigenes Verhalten auch im Hintergrund auf den Gast wirkt.

Oder Sie sitzen im Restaurant an einem Tisch, möchten bezahlen und sehen die Servicemitarbeiter im angeregten Telefongespräch. Viele Unternehmen widmen dem direkten Kontakt zwischen Mitarbeiter und Kunde sehr viel Aufmerksamkeit, sind aber bezüglich des Mitarbeiterverhaltens im Hintergrund nicht mehr so achtsam.

Da in unserem Hotel die Küche nach allen Seiten Türen aufweist, sind sämtliche Aktivitäten unserer Küchenmitarbeiter für unsere Gäste wahrnehmbar. Deshalb hat unser Küchenteam sich selbst Verhaltensregeln auferlegt: Die Musik in der Küche darf nur in Zimmerlautstärke gespielt werden, während der Servicezeit ist das Radio ausgeschaltet, der Umgangston in der Küche muss angemessen sein, während der Gartensaison sind die internen Telefonate in angepasster Lautstärke zu führen usw.

Stellen Sie also in Ihrem Unternehmen die Hausregeln so zusammen, dass sie aus der Sicht der Kunden und Gäste formuliert sind. Sie müssen es schaffen, dass Mitarbeiter das Verständnis dafür entwickeln, wie ihr eigenes Verhalten auch im Hintergrund auf den Gast wirkt. Ohne dieses Verständnis werden die Mitarbeiter das auch nicht leben, und sobald der Chef nicht mehr im Hause ist, werden die Mäuse auf den Tischen tanzen.

Natürlich können Sie in verschiedenen Branchen und von einem gewissen Ausbildungsniveau an auch einiges an gutem Benehmen voraussetzen. Verlassen Sie sich aber nicht allein darauf und stellen Sie die für Ihr Unternehmen wichtigen Punkte zusammen: Dazu gehören etwa Regelungen zum Eigenkonsum während der Arbeitszeit, zur Benutzung der Eingänge, zum Aufenthalt nach Dienstschluss, zu Rauchen, Drogen, Alkohol usw. Die Lautstärke der Radios in einzelnen Abteilungen gehört manchmal ebenso geregelt wie das Führen von privaten Telefongesprächen oder der Umgang mit Fahrzeugen auf dem Firmenareal.

Freundlichkeit (ein Lächeln kostet ja nichts) – diesen Appell richten viele Dienstleistungsunternehmen an ihre Mitarbeiter. Es scheint ja ganz einfach. Aber warum lächeln dann die Mitarbeiter nicht häufiger? Der Grund liegt nicht bei den Mitarbeitern, sondern bei den Führungskräften. Erinnern Sie sich an den Satz? «Nur der kann lächeln, dem es auch zum Lachen zumute ist.» Exzellenten Service zu bieten, setzt hohe Ansprüche an die Führungskräfte. Darauf gehen wir später (Seite 116) ein.

Positiver Dialog

Zum Wohlfühlen gehört neben der angenehmen Erscheinung auch ein positiver Dialog zwischen Mitarbeiter und Kunde. Herzlichkeit und Freundlichkeit wird bei uns wie in vielen anderen Unternehmen natürlich groß geschrieben. Sosehr wir Fehler von Mitarbeitern akzeptieren, bei diesem Punkt hört unsere Fehlerfreudigkeit abrupt auf. Wer gegen das Gebot von Herzlichkeit und Freundlichkeit verstößt, für den gibt es bei uns keine zweite Chance. Er erhält schon beim ersten Verstoß die gelbe Karte, also eine schriftliche Abmahnung.

Wer gegen das Gebot von Herzlichkeit und Freundlichkeit verstößt, für den gibt es bei uns keine zweite Chance.

Natürlich kann man Herzlichkeit nicht verordnen. So etwas muss wachsen. Und wir helfen natürlich auch ein wenig nach: Große, lachende Smileys hinter den Kulissen erinnern uns an allen Übergängen zum Gast-Bereich ständig daran.

In unseren Schulungen trainieren wir mit unseren Mitarbeitern die Grundlagen einer positiven Kommunikation. Wir vermitteln dabei aber vor allem auch die Haltung: Es gibt kein «Nein» im Gespräch mit unseren Gästen. Wenn Gäste uns vor Probleme stellen, suchen wir einen Weg, um die Gäste zufrieden zu stellen.

Beim Training unserer Mitarbeiter arbeiten wir nach der SOFTENER-Methode. Die Buchstaben stehen für:

- «Smile» – Lächle! ==Gute Stimmung ist ansteckend.== Es geht uns nicht darum, um jeden Preis Spaß zu verbreiten, sondern mit dem Lächeln unsere Freude am Gastgeberdasein hinüberzubringen.
- «Open posture» – ==Zeige eine offene Körperhaltung==! Bewusst oder unbewusst werden die Kunden wahrnehmen, wie offen oder verschlossen sich der Mitarbeiter zeigt.
- «Forward lean» – ==Sei leicht nach vorne gebeugt!== Es hilft dem Mitarbeiter, sich auf den Kunden zu konzentrieren. Und der Kunde merkt, dass sich der Mitarbeiter ihm auch wirklich zuwendet.
- «Touch» – ==Komm mit dem Gast in Berührung==! Wissenschaftliche Experimente in den USA haben gezeigt, dass Servicemitarbeiter, die den Gast im Verlaufe seines Besuches auch körperlich berührt haben, höhere Trinkgelder erzielen. Natürlich wollen wir keine tatschenden Mitarbeiter – das wäre ekelhaft.
  Aber wir ermutigen sie, ein gutes Gespür für Nähe und Distanz zum Gast zu entwickeln. Der Mitarbeiter kann den Kunden auch «berühren», indem er ihm so viel Aufmerksamkeit und Interesse schenkt, dass der Kunde unwillkürlich davon «berührt» wird.
- «Eye contact» – ==Nimm Augenkontakt== auf! Augen sind die Spiegel der Seele, heißt es. Bei uns soll der Mitarbeiter und der Gast jeweils etwas von der Persönlichkeit des Gegenübers mitbekommen.
- «Nod» – Nicke! Auch hier wir wollen wir keine Mitarbeiter, die wie Spielzeughündchen gleich nicken, sobald sie sich ein wenig bewegen. Aber die Mitarbeiter sollen durch ihre Körpersprache das unterstützen, von dem sie überzeugt und begeistert sind.

Jeder Kontakt zwischen Mitarbeiter und Kunde ist eine Chance für einen freundlichen Moment. Dazu gehört auch für uns der liebevolle, höfliche Umgang. Man kann dem Gast nie zu viel Höflichkeit schenken. Je mehr man gibt, desto mehr erhält man von den Kunden zurück. Hier haben unsere jüngeren Mitarbeiter oft ein Problem, weil sie häufig zu sehr mit sich selbst oder ihrer Aufgabe beschäftigt sind und darum zu wenig Kontakt mit dem Kunden herstellen. Sie können nicht ein angeregtes Gespräch führen, wenn sie in Gedanken bei ihren privaten Problemen sind. Wir haben viele Azubis, da ist es nur natürlich, dass die eine an Akne leidet und die andere gerade den Liebhaber gewechselt hat. Wir müssen bei ihnen das Verständnis fördern, dass ihre Probleme sicher auch ernsthaft sind, aber während der Arbeit nicht oberste Priorität haben können.

Bei uns soll das Wohlbefinden der Gäste natürlich und nicht aufgesetzt sein. Darum erwarten wir, dass die Mitarbeiter sich selber nach dem Grad ihrer Kompetenz beurteilen können: Wirkt der Kontakt mit dem Kunden manchmal weniger positiv und etwas unehrlich? Wirkt der Kontakt häufig noch aufgesetzt? Oder wirkt der Kontakt sehr positiv und persönlich? Werden auch angemessene Komplimente verteilt und zeige ich immer gutes Taktgefühl?

Freundlich in schwierigen Situationen

Der positive Dialog, die Freundlichkeit, die Höflichkeit werden immer dann auf die Probe gestellt, wenn die Mitarbeiter unter Stress geraten (wir haben das vorhin schon einmal angesprochen). Der Kunde am Telefon hat sich schon verabschiedet, unsere Mitarbeiterin am Empfang will sich schon der in Warteposition befindlichen zweiten Linie zuwenden, da kommt unserem ersten Kunden noch eine letzte Frage in den Sinn. Wie reagiert unsere Mitarbeiterin, die bereits einen hektischen Morgen mit Telefonaten und Checkouts hinter sich hat? Schafft sie es, freundlich und entspannt zu bleiben, oder kommt leichte Hektik auf, die auch der Kunde zu spüren bekommt?

Damit unsere Mitarbeiter auch in schwierigen Situationen freundlich bleiben, arbeiten wir an zwei Dingen: Einerseits wird in den Teambesprechungen jeden Tag über heikle und schwierige Vorfälle gesprochen. Damit erreichen wir, dass die Mitarbeiter solche Situationen als normalen Teil unseres Geschäfts betrachten. Und wir bauen gleichzeitig ein Repertoire an Verhaltensmustern auf, die bei realen Krisensituationen hilfreich sein können.

Zudem schulen wir alle unsere Mitarbeiter mit Kundenkontakt. Neben dem Umgang mit Stress legen wir hier besonderes Augenmerk auf die Psychologie schwieriger Kundensituationen. Mitarbeiter müssen wissen und trainieren, wie sie unter Druck mit Kunden, die zur Rechthaberei, zur Besserwisserei neigen, besser umgehen können. Sie müssen ihr Gefühl dafür weiterentwickeln, bei sich selbst und bei den Kunden die feinen Anzeichen von Stress zu bemerken. Sie müssen lernen, wie man eskalierende Stimmungen entspannen kann usw.

Schwierige Situationen mit Kunden müssen für die Mitarbeiter Herausforderungen und nicht Störfälle oder Bedrohungen sein.

Wir behandeln hier heikle Fragen: Bekommen die Kunden in schwierigen Situationen die aufkommenden Gefühle der Frustration unserer Mitarbeiter zu spüren? Unternehmen die Mitarbeiter zu wenig, um aktiv aus der Situation herauszukommen? Oder lösen sie die Situationen meist mit Sicherheit und können Eskalation vermeiden und «heiße» Situationen abkühlen? Jeder Teamleader muss diese Fragen für sein Team beantworten und sein Training darauf abstimmen. Schwierige Situationen mit Kunden müssen für die Mitarbeiter Herausforderungen und nicht Störfälle oder Bedrohungen sein.

Entspanntes Umsorgen

Kunden fühlen sich rundum wohl, wenn sie neben der angenehmen Umgebung und freundlichen Mitarbeitern auch den Eindruck gewinnen, auf unaufdringliche Art und Weise umsorgt zu werden. Dazu braucht es Mitarbeiter mit offenen, wachen Augen. Man kann die Bereitschaft der Mitarbeiter natürlich auch durch Regelungen fördern. So haben wir zum Beispiel festgelegt, dass der Mitarbeiter beim Frühstücksgast mindestens alle zehn Minuten dezent am Tisch vorbeischaut. Aufmerksamkeit zu schenken, ist in der heutigen Zeit eine der Formen des Luxus. Kunden und Gäste sind heute so sehr an gewöhnlichen Luxus beim Ambiente und bei den Produkten gewöhnt, dass ein Oho-Effekt nur noch mit großem Aufwand hervorgerufen werden kann. Aufmerksame, hochpräsente Mitarbeiter hingegen verursachen keine zusätzlichen Kosten.

Entspanntes Umsorgen bedeutet, dass die Mitarbeiter zu den Kunden, zu den Gästen gehen. Wer nicht immer auf die Bühne tritt, der trägt zu wenig zur Aufführung bei. Wie oft erleben Sie als Konsument, dass die Mitarbeiter in einem Ladenlokal vom Platz hinter der Theke weg- und von einer etwas geschützten Randzone oder gar dem rückwärtigen Bereich geradezu magisch angezogen werden.

Gerade in den Momenten, in denen die Mitarbeiter nichts oder nur sehr wenig zu tun haben, müssen Sie vermeiden, dass ihre Präsenz nachlässt. Geben Sie ihnen in solchen Augenblicken wieder eine Aufgabe: die Ware in den Regalen und Vitrinen wieder sauber zu ordnen, Broschüren und Flyers wieder akkurat hinzulegen, die Ascher schon etwas früher zu leeren usw. Die Mitarbeiter gehören zu den Kunden – unaufdringlich, aber präsent. Zwischen einem Mitarbeiter, der zwar hilfsbereit ist, sich aber mit dem Kunden nicht ganz wohl fühlt, und einem anderen Mitarbeiter, der es auch schafft, unter Hochdruck ein starkes Gefühl des Umsorgtseins, der entspannten Atmosphäre zu vermitteln, liegen Welten. Aber genau dieser Unterschied macht die Differenz zwischen gutem und exzellentem Dienstleistungserlebnis aus.

Der E-Faktor

Kunden und Gäste spüren das Besondere an einem Unternehmen: Die Abläufe sitzen, man fühlt sich in der Umgebung und in der Nähe der Mitarbeiter richtig wohl und entspannt. Aber damit der Kunde schon wieder an das nächste Mal denkt, muss zuerst der Funke zum Kunden überspringen. Der Kunde oder Gast soll sich angeregt fühlen. Er soll nach dem Kontakt mit unserem Unternehmen in einer gehobeneren Stimmung sein.

Eine Aufführung muss knistern. Es ist wie im Theater: Der Besucherandrang, der Stress des Ticketerwerbs und der Anreise sind vergessen. Man ist nur noch fasziniert vom Geschehen auf der Bühne. Genauso muss es bei uns sein. Während des Aufenthaltes und auch unmittelbar danach darf der Kunde nicht zuerst an seinen Geldbeutel denken. Er muss inspiriert und mit Energie aufgetankt den Aufenthalt abschließen. Serviceabläufe müssen deshalb auch Momente enthalten, in denen es knistert. Welches sind die Mittel, um es im Kontakt mit Ihren Kunden knistern zu lassen? Bei uns haben wir den E-Faktor so definiert:
- Antizipieren – die Fähigkeit, auf Bedürfnisse und Wünsche des Kunden einzugehen, bevor der Kunde selber daran denkt;
- Einsatzbereitschaft – die Kunden überzeugen, dass sie sich auch bei einem nächsten Besuch und einem nächsten Kauf auf uns verlassen können;
- ansteckendes Wissen – nicht nur allgemeines Interesse des

Kunden am Unternehmen wecken, sondern den Kunden so weit bringen, dass er das Wissen unserer Mitarbeiter aufnimmt und weiterträgt;
- zum nächsten Schritt bringen – die gute Stimmung bei den Kunden oder Gästen dazu nutzen, um sie zu einem nächsten Schritt, einer zusätzlichen Bestellung, einem Folgekauf, einem nochmaligen Besuch usw. zu bringen.

==Energie heißt in unserem Unternehmen auch, bereit zu sein, um in jeder Situation besser und zuvorkommender zu sein als unsere Mitbewerber. Diese Bereitschaft macht uns aufmerksam und erhält uns «hungrig».==

Antizipieren

Mitarbeiter müssen offene Augen für ihre Kunden haben. Offene Augen brauchen Energie. Energie überträgt sich, ist ansteckend und weckt Begeisterung bei Mitarbeitern und Kunden. Offene Augen bedeuten jedoch mehr als nur das entspannte Umsorgen. Damit es knistert, müssen die Augen der Mitarbeiter das erkennen, was der Kunde als Nächstes zu tun gedenkt oder zu haben wünscht. Wünsche von den Augen ablesen, ist eine große Fähigkeit.

Das ist für uns gelebtes One-to-one-Marketing: Jede noch so kleine Vorliebe oder «Macke» eines Gastes zu erspüren. Diese Wünsche werden in unserer Gästekartei gespeichert und bei jedem Besuch umgesetzt. Alle Mitarbeiter sind in unserem Hotel aufgefordert, permanent das Ohr beim Gast zu haben und Informationen an die Teamleiter weiterzugeben.

Antizipieren verlangt viel Einfühlungsvermögen für die Situation und die aktuelle Stimmung bei den Kunden. Es wird nicht jedesmal klappen, wenn der Kellner die vier eben eingetretenen

Bayern am Tisch gleich mit einem «Vier Bier sind am Einlaufen» begrüßt. Aber es gibt Momente, in denen so etwas natürlich mehr Energie überträgt als ein steifes «Heute empfehlen wir ...», das eigentlich normal ist.

Antizipieren muss aber nicht zwingend nur aus der Situation heraus geschehen. Bereits im Vorfeld eines Besuches können Gäste und Kunden von uns überzeugt werden, weil wir an Dinge denken, an die die Kunden selbst nicht gedacht hätten.

Diese Vorausschau treffen Sie auch in anderen Bereichen an: Ein Arzt empfiehlt seinen Patienten sofort das weitere Vorgehen, wenn einmal etwas nicht wie vorgesehen gelaufen oder der Kunde unzufrieden ist. Zuerst empfiehlt er das persönliche Gespräch und anschließend den Gang zur überregionalen Expertenkommission der Ärztegesellschaft. Dieser Arzt ist nicht mehr ein Halbgott in Weiß, sondern ein moderner Dienstleister, der die Sorgen und Befürchtungen seiner Patienten ernst nimmt.

Vorausschauend hat auch ein Transportbetrieb seine Serviceabläufe organisiert. Zimmereien, die von ihm die vorgefertigten Hölzer auf die Baustellen geliefert bekommen, erhalten vorher eine Checkliste, mit der sie selbst Punkte wie Zufahrtsmöglichkeiten, Genehmigung für Straßensperrung usw. überprüfen. Kostspielige Wartezeiten werden dadurch vermieden, da die Lieferung, der Autokran und die Anwesenheit des Montageteams minutengenau koordiniert sind.

Bei uns im Hotel Schindlerhof pflegen wir besonders die kleinen Details, die relativ häufig eintreffen. So denken wir uns für spezielle Situationen bereits im Voraus Lösungsmöglichkeiten aus:

- Sonnenbrille und Sonnencreme für strahlende Tage im Gartenrestaurant;
- Ersatzblusen und -hemden bei Klecksen;
- Bürsten zur schnellen Kleiderreinigung auf den Toiletten;
- offen hingelegte Tageszeitungen (Sport- und Wirtschaftsteil) oberhalb der Pissoirs;

- Brillenputztücher für die Pausen im Tagungsbereich;
- aktueller Staubericht, wenn Tagungen beendet sind und die Teilnehmer in unserem Tagungsbereich zur Rückfahrt drängen;
- Traubenzucker für Tagungsgäste, die abends noch arbeiten müssen usw.

Hier müssen wir uns ständig neue Überraschungen ausdenken. Denn vieles von dem, was unsere Gäste zum ersten Mal bei uns erleben, werden sie auch irgendwann einmal bei einem unserer Mitbewerber antreffen.

Einsatzbereitschaft

Kunden können in drei bis fünf Sekunden die Einstellung und das Niveau der Aufmerksamkeit des Mitarbeiters spüren. Mitarbeiter müssen also immer «warm» bis «heiß» drauf sein. Ohne Energie in einem Team ist das nicht zu schaffen. Und das ist manchmal besonders mühsam. Ich will das an einem Beispiel erläutern: Den meisten Mitarbeitern fällt es leicht, einen Zusatzwunsch des Kunden mit einem kleinen Extraaufwand zu erfüllen, wenn sie eh gerade in Schwung sind. Wenn sie aber dabei sind, in ihre ruhigere Phase zurückzusinken – das kann jedem im Laufe eines Arbeitstages passieren –, wird es schwierig.

Einsatzbereitschaft kann man nur bedingt standardisieren. Zwar kann man in den Qualitätsstandards festlegen, dass ein Aschenbecher bei vier Kippen geleert werden muss. Aber zwei Kippen bei Regen draußen in einer braunen Sauce im Aschenbecher sind nun mal zwei Kippen zu viel.

Oder wenn die Dame am Zeitungskiosk, die gerade damit beschäftigt ist, Zeitschriften zu ergänzen, ihre Arbeit unterbricht, um für Sie unten im Lager nach einer nicht mehr vorrätigen Zeitschrift zu suchen – dann ist das Einsatzbereitschaft, die man nicht verordnen kann und die deshalb umso begeisternder wirkt. Nicht nur das Nötigste zu machen, sondern sich auch außerhalb der Komfortzone einsetzen – «Ja, machen wir gerne» oder «hmmmm» –, da liegt der Unterschied.

Kunden werden in solchen Momenten denken: Wenn sich die Mitarbeiter dieses Unternehmens derart für mich einsetzen, dann werde ich mich auch für die einsetzen und gerne wiederkommen. Mitarbeiter zeigen hier sehr unterschiedliche Verhaltensformen. Jeder kennt das: Es gibt Mitarbeiter, deren Verhalten den Eindruck vermittelt, auch das Minimum nur ungern zu machen. Andere zeigen eine gewisse Problemlösungsbereitschaft, wirken bei besonderen Anstrengungen jedoch zurückhaltend. Aber wie viele zeigen auch unter Druck eine hohe Einsatzbereitschaft bei Kundenwünschen, ohne dabei aufdringlich zu sein?

Wie viele Mitarbeiter zeigen auch unter Druck eine hohe Einsatzbereitschaft bei Kundenwünschen, ohne dabei aufdringlich zu sein?

Einsatzbereit («Allzeit bereit», sagen die Pfadfinder) können jedoch nicht nur Mitarbeiter in der aktuellen Situation sein, sondern auch die durchdachten Serviceabläufe. Luxushotels verschicken heute den Gästen zum Teil schon vor der Ankunft Fragebögen, um deren Vorlieben und Abneigungen zu erkunden. In einem Nobelhotel im amerikanischen Skiort Beaver Creek finden die Gäste am Morgen ihre Skistiefel vorgewärmt. Hoher Wohlfühl-Moment, hohe Einsatzbereitschaft, leider auch hohe Preise.

Es gibt ein Mittel, um eine überraschende Einsatzbereitschaft zu geringen Kosten zu erbringen: Wir nennen das «spontane Extras». Planen Sie im Voraus solche überraschenden Extras ein. Und setzen Sie dann diese Überraschungen flexibel und schnell in den Momenten ein, auf die der Kunde nicht vorbereitet ist:

- bei einem Kunden, der ihnen den Gefallen getan und sich beschwert hat,

Natürliches Wohlbefinden – Energie

- bei einem Kunden, der sich bei Ihnen bedankt hat,
- bei einem Stammgast, der gerade eine schwere Zeit durchgemacht hat,
- bei einem Kunden, dem wir mit ein bisschen Hilfe weiterhelfen können usw.

Ansteckendes Wissen

«Man muss sich für etwas interessieren, dann wird es interessant», heißt ein Merksatz aus der «Lern- und Arbeitstechnik für Schüler». Wenn Kunden und Gäste merken, dass sich die Mitarbeiter für das, was sie tun, in höchstem Maße interessieren, dann lassen sie sich auch von ihrem Wissen anstecken.

Stellen Sie sich vor, ein Gast ruft mittags bei der Rezeption an und fragt, was denn heute Abend in der Oper laufe. Die eine Mitarbeiterin hat davon nicht die geringste Ahnung, verspricht aber, sich im Veranstaltungskalender schlau zu machen und zurückzurufen. Die andere antwortet: «Oh, es läuft gerade Verdis ‹La Traviata›. Wir hatten vorgestern zwei Gäste, die waren von der Aufführung, glaub ich, ganz begeistert.» Das eine Verhalten ist o.k. Das andere steckt an und überträgt Energie.

Natürlich kann nicht jeder Mitarbeiter über alles Bescheid wissen. Aber Sie können jeweils tagesaktuell zusammenstellen, welches die zehn wichtigsten Informationen sind, für die sich Ihre aktuelle Kundschaft interessieren könnte. Wenn Mitarbeiter mehr wissen, dann geht es nicht darum, bei jeder Gelegenheit vor dem Kunden eine Verblüffungsnummer abzuziehen. Einmal passt die Bemerkung, einmal passt sie nicht. Sondern es geht darum, dass nicht nur der E-Faktor zählt, sondern auch der N-, der Wohlfühl-Faktor.

Jeder von uns hat schon Mitarbeiter erlebt, die ein wandelndes Lexikon waren und die uns mit ihrem Wissen angesteckt haben. In jedem Fachbereich gibt es Dinge, die für die Kunden interessant sind. Für den Sommelier ist es der Wein, für den Gärtner die richtigen Rasensorte und für den Metzger die Kunst der richtigen Kräutermischung in seinen Würsten. Neugierde ist eine der menschlichen Triebfedern. Nutzen wir sie auch im Kontakt mit unseren Kunden.

Zum nächsten Schritt bringen

Kundenzufriedenheit und Kundenbegeisterung zeigen sich nicht nur im Abschluss eines Kaufs oder eines Besuchs. Die gute Stimmung der Kunden oder Gäste gilt es zu nutzen, um sie zu einem nächsten Schritt, einer zusätzlichen Bestellung, einem Folgekauf oder einem nochmaligen Besuch zu bringen.

Wie im Sport ist es auch im Dienstleistungsbusiness: Ob ein Mitarbeiter nochmals Impulse und frische Energie während eines Gastaufenthaltes, während eines Verkaufsgesprächs, gibt, zeigt sich vor allem in Durchhängerphasen und gegen Schluss. Hier wenden Mitarbeiter natürlich die klassischen Verkaufstechniken an. Aber hier geht es um mehr als um den Einsatz von einzelnen angelernten Frage- und Empfehlungstechniken.

Bringt der Mitarbeiter auch «gesättigte» Kunden dazu, nochmals freudig einen zusätzlichen Schritt zu machen?

Neben der Technik ist die Kondition der Mitarbeiter entscheidend. Wirkt das Mitarbeiterverhalten häufig zögerlich und unklar und bleibt bei Stimmungsdurchhängern meist zu passiv? Oder schließt der Mitarbeiter Situationen mit einem guten Timing ab und vermag Kunden häufig zu einem nächsten, zusätzlichen Schritt zu bewegen? Oder bringt der Mitarbeiter auch «gesättigte» Kunden dazu, nochmals freudig einen zusätzlichen Schritt zu machen?

Nicht nur Mitarbeiter können die Kunden oder Besucher bei

einem Durchhänger wieder mit Energie auftanken, sondern auch kleine Überraschungen in den Serviceketten. Im Restaurant ist das natürlich der kleine kulinarische Gruß aus der Küche oder das Sorbet zwischen Gängen. Das kann aber auch ein kleines Brett- oder Knobelspiel sein, das man zwischen zwei Gängen spielt. Weinkeller sind ebenfalls ein guter Ort, wo Gäste bei einem Restaurantbesuch auch einmal Abwechslung vom Sitzen am Tisch suchen.

Den Kunden zu einem nächsten Schritt zu bringen, bedeutet sehr häufig auch das *Cross Selling*, also das Empfehlen und Verkaufen von Leistungen aus anderen Unternehmensbereichen. Wenn etwa ein Handwerker, der zu Ihnen gekommen ist, um Ihre Waschmaschine zu flicken, einfach die Waschmaschine repariert und sich danach mit herzlichem Dank empfiehlt, dann stimmt der U- und der N-Faktor. Doch wenn er mehr Energie gezeigt hätte, hätte er sich umgeschaut, ob allenfalls alte Geräte im Einsatz sind, und er hätte sich erkundigen können, ob es auch sonst noch etwas zu flicken gebe.

Ein Prüfstein für die Energie, die Gäste und Kunden bei einem Unternehmen spüren, ist auch das Merchandising. Bei uns ist es ähnlich wie in einem Museum, wo die Besucher nach einem angeregten Aufenthalt noch gerne etwas mit nach Hause nehmen wollen und darum in den Museumsshop gehen. Spannung abfeiern, nennen das die Psychologen. In der Hotellerie können Sie heute an vielen Orten Weine, Regenschirme, Golfbälle, hauseigene CDs, Bettwäsche, Handtücher, Plüschtiere, Badekosmetik oder Aromatherapiekerzen kaufen.

Kompliziertes einfach machen

In diesem Kapitel haben Sie die TUNE-Faktoren kennen gelernt. Wenn Sie sich beim Lesen gedacht haben, dass Sie diese Faktoren doch alle schon zumindest intuitiv kennen, dann liegen Sie richtig. Die Wirkung auf Kunden und Besucher im Dienstleistungsbusiness ergibt sich durch das komplizierte Zusammenspiel von vielen verschiedenen Faktoren. Die Summe der tausend Kleinigkeiten macht am Schluss die Stimmung bei den Kunden aus.

Wir wollen, dass unsere Mitarbeiter und unsere Führungskräfte ein immer besseres Gefühl für das Zusammenspiel dieser Faktoren bekommen. Es geht um das Feinabstimmen, eben um das *Tunen* von Momenten entlang der Servicekette mit unseren Kunden.

Stimmung entspricht dem Sound entlang der Servicekette, haben wir im zweiten Kapitel (Seite 30 f.) geschrieben. Mit unserem TUNE-Ansatz haben unsere Mitarbeiter ein einfaches Instrument, um ihr Verhalten selbst zu überprüfen und anzupassen.

Bei uns sagen Mitarbeiter heute im Vorbeigehen: «Hallo Rezeption, fünfmal geläutet, das ist zweimal zu viel, heute dürft ihr euch aber bei der Schlussbesprechung beim U-Faktor (‹unterstützt durch stabile, sichere Abläufe›) nicht 100 Prozent geben.»

Weil wir es geschafft haben, jeden Tag das Thema bei allen Mitarbeitern präsent zu halten, beginnt sich auch das Verhalten zu verändern.

Was zeigt uns dieses schöne Insider-Chinesisch? Ein Mitarbeiter beschwert sich bei der Rezeption, dass er zu lange läuten musste und die Rezeptions-Crew sich am Ende des Dienstes in der Eigenbewertung ganz sicher nicht zu positiv einschätzen könne. Daran lässt sich die großartige Wirkung des TUNE-Konzeptes ablesen: TUNE bringt nichts grundlegend Neues, aber es bringt bekannte, intuitiv einleuchtende Dinge auf griffige Formeln. Auf diese Weise ist es uns gelungen, die Mitarbeiter zu sensibilisieren und jeden Tag über die Dinge sprechen zu lassen, die für uns – und jeden Dienstleister – eben matchentscheidend sind.

Weil wir es geschafft haben, jeden Tag das Thema bei allen Mitarbeitern präsent zu halten, beginnt sich das Verhalten in kleinsten Schritten zu verändern. Das beginnt auch bei mir selber: Vor zwei Jahren hätte ich mich noch nicht nach den Zigarettenkippen auf unserem Hof gebückt, heute tue ich es und denke mir dabei schon – warum muss sich wieder der Alte bücken?

Unseren Mitarbeitern hilft es ungemein, dass man sich nur vier Buchstaben merken muss, um über komplizierte Zusammenhänge zu sprechen. Es ist das gleiche Phänomen, wie wenn Ihnen einmal zehn und einmal nur zwei Tennisbälle zugeworfen werden. Wann können Sie mehr auffangen und in den Händen behalten? In der Regel verwirren einen die zehn Tennisbälle so sehr, dass am Schluss gar keiner aufgefangen werden kann. Vier Faktoren für ein gutes Kundenerlebnis – das kann man sich gerade noch merken.

Wir lassen unseren einzelnen Teams große Freiheiten, was sie im Detail unter den vier Buchstaben verstehen. Wir legen Wert darauf, dass jede Abteilung ihre eigene Definition erarbeitet und sich damit alle Mitarbeiter viel einfacher mit diesen Vorgaben identifizieren können.

Neu und entscheidend an unserem TUNE-Ansatz ist letztlich die Konsequenz, mit der wir verlangen, dass die Führungskräfte und ihre Mitarbeiter sich auf das Hier und Jetzt konzentrieren.

Erste Schritte aus diesem Kapitel:
- Fragen Sie die Mitarbeiter mit direktem Kundenkontakt nach ihrer Einschätzung, welche Faktoren für ein gutes Kundenerlebnis wichtig sind!
- Unterstützen Sie die Mitarbeiter darin, sich in Teambesprechungen Zeit zu nehmen, um einzelne positive oder negative Vorfälle auszuwerten!
- Fragen Sie die Mitarbeiter danach, was den besonderen Geist im Unternehmen ausmacht. Achten Sie darauf, wie unterschiedlich die Meinungen der Mitarbeiter dazu sind!

- Fördern Sie im Alltagsgeschäft und bei neuen Vorhaben den Stolz und die Begeisterung der Mitarbeiter!
- Achten Sie darauf, in welchen Abläufen wie viele Fehler passieren und wie offen und lernbereit die Mitarbeiter über Fehler sprechen!
- Überprüfen Sie, wie sicher und freundlich Mitarbeiter in schwierigen Situationen gegenüber den Kunden bleiben!
- Gehen Sie mit anderen Mitarbeitern und Führungskräften auf einem Rundgang durch Ihr Unternehmen und achten Sie sorgfältig darauf, ob Sie sich als Kunde hier wohl fühlen würden!
- Führen Sie intensive Gespräche mit ausgewählten guten Kunden und finden Sie heraus, wo diese Kunden mehr Energie von Ihrem Unternehmen erwarten!

Natürliches Wohlbefinden – Energie

4. Die Kunst des Feinabstimmens

Richtig abschmecken

«Wir engagieren uns täglich aufs Neue, um das Ziel zu erreichen, perfekte Organisatoren und herzliche Gastgeber zu sein.» So steht es in unserer Broschüre für Mitarbeiter und Kunden. Wir nennen sie unsere Spielkultur. Wie jedes Orchester arbeiten wir hart daran, die nächste Aufführung noch perfekter hinzukriegen. Das können manchmal größere Veränderungen sein.

In der Regel ist es aber hartnäckige Arbeit an ganz vielen kleinen und kleinsten Details: Hier muss der Hausmeister kleine Farbschäden in einem Raum ausbessern, dort muss der akkurate Eindruck der Warenpräsentation auf einer Theke verbessert werden, die Küche verfeinert das Anrichten eines unserer «Rennerprodukte», und einer unserer Kellner im Restaurant muss bei seiner mündlichen Speiseempfehlung am Tisch für die Gäste überzeugender wirken. Wenn jeder Bereich in unserem Unternehmen jeden Tag eine Hand voll kleiner Details verbessert, dann geschieht heute verdammt viel.

Viele Details fließen so immer aufs Neue in die Alltagsarbeit ein. Die meisten stehen weder in einem Protokoll noch in irgendeinem Dokument unseres Qualitäts-Handbuchs. Sie werden von unseren Mitarbeitern und Führungskräften gleich während der Aufführung oder gleich am nächsten Tag angepackt.

Die Aufführung verbessern, um das Ziel zu

Wenn jeder Bereich in unserem Unternehmen jeden Tag eine Hand voll kleiner Details verbessert, dann geschieht heute verdammt viel.

75

Touched by the spirit – Unterstützt durch sichere Abläufe

erreichen, perfekte Organisatoren und herzliche Gastgeber zu sein – das bedeutet Arbeit an den vielen einzelnen, kleinen Details rund um die Buchstaben T, U, N und E.

Das verlangt ein gutes Augenmaß unseres Führungsteams. Was nützt es unseren Kunden, wenn bei uns der N-Faktor, das Wohlfühlen durch die Herzlichkeit und Freundlichkeit der Mitarbeiter, wirklich überzeugend ist, aber die Gäste zu lange auf die Speisen warten müssen und während des Wartens leicht verärgert Zeit haben und eine nicht ganz sauber geputzte Ecke im Raum entdecken?

Die Kunden wollen sich auch nicht durch eine Überdosis Begeisterung und Energie (T- und E-Faktor) verführen lassen. Wenn die Kellner beim Nachschenken zu aufdringlich sind und die Produktkenntnisse aufgesetzt wirken, dann fällt den Gästen vielleicht umso mehr der etwas ruppige Umgangston zwischen den Mitarbeitern auf.

> Es ist wie beim Kochen: Welche Zubereitung gewählt wird oder welche Zutaten verwendet werden, ist wenig geheimnisvoll. Die Kunst besteht darin, richtig gut abzuschmecken.

Es ist wie beim Kochen: Welche Zubereitung gewählt wird oder welche Zutaten verwendet werden, ist wenig geheimnisvoll. Die Kunst besteht darin, richtig gut abzuschmecken. Von einem etwas zu viel, vom anderen etwas zu wenig, so entsteht kein perfektes Gericht. Meisterköche haben ihre Fähigkeit des Abschmeckens vom Handwerk zum Kunsthandwerk entwickelt.

Damit Teamleader in Ihrem Unternehmen die Servicequalität jeden Tag im Griff haben und sie ein klein wenig weiter verbessern, müssen sie zwei Fähigkeiten beherrschen:

- Sie müssen in ihrem Kopf ein klares Bild vom perfekten Serviceerlebnis in ihrem Bereich gespeichert haben. Ohne eine solche Vorstellung werden sie bestimmte Servicefaktoren intensiv und andere Faktoren höchst oberflächlich verbessern. Der Teamleader, der selbst einen Hang zur Ordnung und

Sauberkeit hat, wird seine Verbesserungen auch auf diesen Bereich fokussieren. Der charmante, sehr kommunikative Teamleader wird mit seinen Mitarbeitern hingegen mehr über Verkaufstechniken sprechen und seine eigenen Defizite beim Reagieren in den Hintergrund stellen. Jeder forciert das, was ihm am besten liegt. So kann aber kein gut abgestimmtes Serviceerlebnis für die Kunden entstehen.

- Die Teamleader müssen neben dem Blick für das Ganze ein gutes Augenmaß und gutes Gefühl dafür haben, wann es von einem Servicefaktor mehr und wann weniger braucht. Um dieses Gefühl zu entwickeln, braucht er vor allem sehr viel Einfühlungsvermögen, um Kundenwünsche und Kundenreaktionen intuitiv zu erfassen.

Polaritäten erkennen

In unseren hausinternen Seminaren schulen wir unsere Mitarbeiter für unseren TUNE-Ansatz. Um auch das Augenmaß und das Gefühl zu schulen, wann es von einem Servicefaktor mehr und wann weniger braucht, vermitteln wir unseren Mitarbeitern den «Gummiband»-Ansatz.

Wenn mit einem Treibriemen etwa ein Rad angetrieben werden soll, dann muss das Band mit der richtigen Spannung auf dem Rad aufliegen. Wenn die Spannung zu gering ist, liegt das Band schlapp auf und bringt durch die fehlende Reibung das Rad nicht zum Drehen. Gut angespannt, dreht das Gummiband das Rad mühelos und ohne große Reibung. Wenn das Gummiband zu stark angespannt ist, nimmt die Reibung zu, bis das Gummiband überdehnt ist und reißt. Teamleader müssen das Zusammenspiel aller Servicefaktoren im Auge haben. Und sie müssen das Gespür dafür haben, wo sie die Spannung bei einzelnen Faktoren erhöhen oder auch verringern.

In unseren Schulungen sensibilisieren wir die Mitarbeiter in allen vier Bereichen des TUNE-Modells: Unternehmens-Spirit, Ordnung und Stabilität, Wohlfühlen und Energie – Was heißt in unserem Unternehmen zu schlapp, was heißt in unserem Unternehmen zu überspannt?

Zu viel und zu wenig Unternehmens-Spirit

Das T steht für «Total begeistert», für den Unternehmens-Spirit. Er kann durch das Einzigartige des Unternehmens (die Wettbewerbsvorteile), durch Werte- und Sinnvermittlung, durch Stolz und Begeisterung und durch das Wecken des Kundeninteresses an unserem Geschäftskonzept erreicht werden.

Viele Führungskräfte, die unsere Seminare besuchen, bewerten ihr eigenes Unternehmen in diesem Punkt häufig als eher schwach. Viele Führungskräfte sind der Meinung: Unseren Mitarbeitern ist zu wenig bewusst, was unser Unternehmen ausmacht und wie wichtig es ist, die Kunden den Stolz und die Begeisterung für das Unternehmen spüren zu lassen.

> **Vielen Mitarbeitern ist zu wenig bewusst, was unser Unternehmen ausmacht und wie wichtig es ist, die Kunden den Stolz und die Begeisterung für das Unternehmen spüren zu lassen.**

Vor vier Jahren führten wir im Schindlerhof einen Workshop mit unseren Teamleadern durch. Wir stellten ihnen die Aufgabe: Formulieren Sie in einem Satz die Vision des Schindlerhofs. Die Teamleader formulierten unsere Vision sehr unterschiedlich. In diesem Moment ergänzten wir die Vision in unserem Leitbild. Sie wird nun jedes Jahr im Rahmen der jährlichen Vorstellung des Jahreszielplans allen Mitarbeitern wieder neu erläutert.

Die größte Gefahr für den Spirit einer Firma besteht natürlich dann, wenn Kosten gespart werden müssen. Die Firma ist unter

Druck, die Nerven sind angespannt und manch eine der Schlüsselpersonen im Management, die sich in den letzten Jahren für den Spirit des Unternehmens eingesetzt hat, steht mit dem Rücken zur Wand. Wo gehobelt wird, da fliegen Späne. Das klingt immer kraftvoll, ist aber manchmal auch ungeschickt.

Für wie dumm wird der Kunde verkauft, wenn er für einen 40-minütigen Flug von Zürich nach Nürnberg 600 Euro bezahlt, aber während der ganzen Zeit nicht ein einzelner besonderer Moment, nicht ein knisternder Augenblick geschieht? Wenn dann im Sinkflug noch eine Billigschokolade angeboten wird, bekommt er ein Vorgefühl auf Wolldeckenfahrten im Alter. Und wenn es so weit gekommen ist, dann gibt es für die Kunden keinen Grund mehr, beim nächsten Mal nur noch auf Verfügbarkeit und Preis zu schauen und sich nicht mehr um die Marke der Airline zu kümmern.

Der T-Faktor muss auch darum für die Kunden hoch sein, damit ihre Wahrnehmung gesteuert werden kann. Wenn kein T da ist, wird es langweilig. Wenn es einem langweilig ist, hat man alle Zeit der Welt, das Haar in der Suppe zu finden. Wir nennen das den Wartezimmer-Effekt: Man schaut sich um und entdeckt jede kleinste abgeschlagene Ecke an einem Stuhlbein, die Flecken bei der Türklinke oder das weggeworfene Schokoriegelpapier unter dem Stuhl des gegenübersitzenden Nachbars.

Der Wartezimmer-Effekt: Man schaut sich um und entdeckt jede kleinste abgeschlagene Ecke an einem Stuhlbein, die Flecken bei der Türklinke oder das weggeworfene Schokoriegelpapier unter dem Stuhl des gegenübersitzenden Nachbars.

Wenn hingegen im Wartezimmer Broschüren mit der Unternehmensphilosophie aufliegen, an den Wänden die Berufserfolge der Mitarbeiter und des Chefs hängen und noch auf einer Stellfläche Knobel- und Geschicklichkeitsspiele liegen, bekommt das Warten eine andere Qualität.

Im aktuellen Trend zu Billigangeboten und zu «Geiz ist

geil»-Konzepten werden noch viele Unternehmen wegens des T-Faktors eine böse Überraschung erleben. Selbst Billigkonzepte können nur erfolgreich sein, wenn sie mit ihrer Preisstrategie einen besonderen Unternehmens-Spirit vermitteln können. Im «Deutschen Wörterbuch» stehen zum Wort «billig» Attribute wie abgeschmackt, banal, dumpf, geistlos, substanzlos, wertlos. Zum Wort «geizig» stehen filzig, habsüchtig, knickerig, schäbig. Nicht billig und wertlos, sondern günstig und wertvoll ist die Erfolg versprechende Strategie. Auch Günstig-Modelle brauchen ihren T-Faktor.

Besonders problematisch ist der Unternehmens-Spirit bei starken Unternehmen, in denen der Gründer den Spirit verkörpert. Wenn er einmal nicht mehr im Unternehmen ist, was geschieht dann mit dem T-Faktor? Die Erfolgsstory und der Spirit des Gründers haben die neuen Investoren fasziniert.

In solchen Situationen ist die Gefahr groß, dass wechselnde CEOs immer wieder neue großartige Programme ins Leben rufen, um in die Fußstapfen des Gründers zu treten. Und wenn diese Programme den fehlenden Gründergeist nicht ersetzen können, verlieren auch die Investoren irgendwann die Freude an ihrem Spielzeug.

Für uns ist das mit ein Grund, warum unser Hotel immer in Familienbesitz bleiben wird. Den Spirit, der uns zu dem macht, was wir sind, den können nur Eigentümer, die selbst im Betrieb arbeiten, weitertragen. Manchmal bekomme ich auf Umwegen zu hören: «Ach, der Alte, er meint, weil er Gründungsunternehmer sei, müsse er ständig vom Spirit reden.» So etwas berührt mich wenig, für mich hängt unser Lebenswerk daran, dass dieser Geist lebendig bleibt.

Natürlich müssen wir aufpassen, dass bei uns der Gründergeist nicht ins Gegenteil kippt. Wird der Unternehmens-Spirit überdehnt, dann ist das so, wie wenn Anhänger eines Gurus nur noch sein Gedankengut herunterleiern – niemand hinterfragt wirklich, niemand bringt das Gedankengut weiter. Das Beschwören des Spirits verunmöglicht oft eine offene Kritik.

Zu viel Begeisterung im Unternehmen, zu viel Unternehmens-Spirit gibt es aber auch dann, wenn der Kunde das Unternehmen als zu aufgesetzt, zu kompliziert oder zu überdreht erlebt.

Zu viel Begeisterung über die eigenen Produkte kann zu überbordenden Sortimenten führen. Bei einer Einführungspromotion in einem Supermarkt wurden stolz 24 Sorten neuer Konfitüren präsentiert. 60 Prozent der Kunden probierten die Artikel und 3 Prozent kauften letztlich. In einem anderen Supermarkt wurden dagegen nur 6 Sorten zur Einführung angeboten. Jetzt probierten zwar nur noch 40 Prozent der Kunden, aber 30 Prozent aller Ladenbesucher kauften die Konfitüren. **Die eigene Begeisterung muss immer auch von den Kunden geteilt werden, sonst wird es zu viel des Guten.**

Zu aufgesetzt wirkt der Unternehmens-Spirit oft im Bereich Design und Inneneinrichtung. Wenn ein Hotel seinen Gästen an der Rezeption neuerdings Walkmen mit Kassetten ausleiht, damit sie sich beim Gang durch das Hotel über Kopfhörer die Informationen zu jedem Gemälde erzählen lassen, dann wirkt das schnell einmal für viele Gäste zu aufgesetzt, wenn es sich nicht um hochwertige Gemälde handelt.

Wenn der Gast in einem anderen Hotel am Schluss seines Aufenthaltes im Verkaufsshop die Zimmer-Accessoires samt Klobürste kaufen kann, dann passt das sicher nicht zu uns nach Nürnberg. Aber selbst für ein Designerhotel mag das überspannt wirken. Dinge, die uns wirklich berühren, müssen ein Geheimnis haben. Wenn den Kunden die Dinge zu offensichtlich aufs Auge gedrückt werden, dann schaut man sich die einmal an, ist aber davon nicht berührt.

Zu viele und zu wenige sichere Abläufe

Der U-Faktor steht dafür, dass Kunden durch sichere und stabile Abläufe unterstützt werden. Abläufe müssen funktionieren, Sauberkeit vermitteln, auch unter Druck noch stabil und für die Kunden einfach und bequem gestaltet sein. Der U-Faktor gehört heute zur Basisqualität, zum Tortenboden. Eine Rolex hat nun mal wasserdicht zu sein, der Wagen kommt innenraumgereinigt aus dem Service zurück usw.

Aber bei exzellentem Service steckt natürlich auch beim U-Faktor der Teufel im Detail. Versetzen Sie sich in den Gast, der etwas spät zum Frühstück kommt. Er findet auf dem Buffet nur noch ein paar Stückchen Ananas, die fehlenden Heidelbeeren erkennt er am dunkelblauen Fleck auf dem Tischtuch. Oder der Patient ist beim Zahnarzt um 8 Uhr 30 angemeldet, aber kommt erst eine Stunde später an die Reihe – und dabei ist weit und breit kein Notfall in Sicht.

Stellen Sie sich die Situation im Supermarkt mit der Warteschlange hinter den Kassen vor. Es wird eine weitere Kasse geöffnet. Die Mitarbeiterin kassiert ein. Aber nach dem dritten Kunden muss sie sich um Kleingeld kümmern.

Versetzen Sie sich in die Kundinnen, die bereits vor dem Samstagseinkauf von der neuen Promotion gelesen haben. Bei der Kasse erfahren sie aber, dass die Aktionspreise erst ab Montag gelten. Oder die Holzkohle liegt vor dem Ladenlokal, damit es im Lokal keinen Dreck gibt. Aber wenn der Kunde im Vorbeifahren schnell auch noch ein Pack Grillwürfel zum Anzünden haben will, muss er wieder in den Laden rein. In all diesen Situationen stimmt der U-Faktor nicht. Wir kennen alle die Folgen, wenn der U-Faktor zu schwach ist: Unzufriedene Kunden und eine Menge Aufwand, um Fehler nachzubessern und Beschwerden wiedergutzumachen. Und damit entstehen viele Reibungsverluste im Unternehmen – und Potenzial für mieses Klima.

Wer Probleme mit dem U-Faktor hat, wird nie dazu kommen, sich in den anderen Bereichen Spirit, Wohlfühlen oder Energie nachhaltig verbessern zu können. Bei uns sind die Fehlerquote und die Nachbearbeitungskosten in den einzelnen Abteilungen die wichtigsten Indikatoren, ob wir den U-Faktor im Griff haben. Die Entwicklung der Fehlerquote ist bei jedem Mitarbeiter Teil der jährlichen zwei Orientierungsgespräche mit dem Teamleader. Wenn hingegen der U-Faktor überdehnt wird, der Kunde also zu viel Ordnung und Stabilität erlebt, ist Bürokratie das Ergebnis. Wir alle kennen Episoden im Stile von: «Sie haben erst 13 Formulare ausgefüllt, ich darf Ihnen die Bleistifte nicht geben, wenn Sie das 14. nicht ausfüllen.» Starr, stur – zu viel U. Zu viele und zu rigorose Standards zwingen die Mitarbeiter in ein festes Schema. Die Aufmerksamkeit des Mitarbeiters gilt dem Erfüllen der Standards und nicht der Zufriedenheit des Kunden.

Häufig sind mit einer solchen bürokratischen Erhaltung auch umfangreiche Kenngrössen und Statistiksysteme verbunden. Oft werden monatlich so dicke Papierstapel mit Auswertungen produziert, dass sie gar niemand mehr wirklich analysieren kann. Warum denn nicht gleich darauf verzichten? «Nicht alles, was zählt, kann gezählt werden, und nicht alles, was gezählt werden kann, zählt», soll Albert Einstein einmal gesagt haben.

**Der Geist schätzt Ordnung.
Der Sinnlichkeit steht die Ordnung aber oft im Weg.**

Der Geist schätzt Ordnung. Der Sinnlichkeit steht die Ordnung aber oft im Weg. Wenn ein Unternehmen die Fehlerquote in seinen Abläufen massiv senken will, dann muss es unbedingt gleichzeitig am Wohlfühl-Faktor arbeiten.

Es gibt aber auch innovative Wege, um der Bürokratie zu Leibe zu rücken. Eine amerikanische Bank setzt für jeden Verbesserungsvorschlag, der eine stupide Regelung eliminiert, eine 50-Dollar-Prämie aus. Stellen Sie sich vor, wir würden in Deutschland so etwas gegen die überbordende Gesetzesflut erlassen ...

Zu viel und zu wenig Wohlbefinden

Natürliches Wohlbefinden bewirkt bei den Kunden eine entspannte Stimmung. Und in einer entspannten Stimmung sind die Mitarbeiter in besserer Form – ein echtes Win-Win-Verhältnis. Aber das ist bekanntermaßen nicht der Normzustand in der Dienstleistungswüste Deutschland. Häufiger trifft man ungepflegt aussehende und mürrisch wirkende Mitarbeiter, unfreundliche und kaltschnäuzige Antworten auf ausgefallene Fragen der Kunden oder unverschämt lange Wartezeiten beim Anstehen oder beim Bezahlen. An jedem Tischgespräch und jeder Party gibt so was stundenlangen Gesprächsstoff.

Zu viel Wohlfühlen, zu viel Herzlichkeit, zu viel Aufmerksamkeit, zu viel Umsorgen – das gibt es im Dienstleistungsbusiness eigentlich gar nicht. Aber auch beim N-Faktor man kann seine Bemühungen, das Wohlbefinden der Kunden zu steigern, überdehnen.

Wenn der Kunde am Telefon zuerst zehn Sekunden die nette Begrüßungsformel der Empfangsdame anhören muss, dann mag die Stimme noch so nett klingen – das Wohlbefinden des Kunden, der sein Anliegen anbringen will, steigert sich dadurch nicht.

Oder stellen Sie sich den Gast vor, der morgens geweckt wird: «Hallo, guten Morgen, Sie wollten um sieben Uhr geweckt werden, ein wunderschöner Tag erwartet Sie heute», aber wenn er nach draußen schaut, regnet es. Das Nachplappern von angelernten Sätzen ist natürlich schon besser als eine knappe, mürrische Mitteilung. Die meisten Kunden haben aber ein gutes Gespür für aufgesetzte Freundlichkeit.

Lächeln wird im Dienstleistungsergebnis von den Mitarbeitern verlangt. Zu viel Konzentration aufs Lächeln lässt manchmal die Aufmerksamkeit auf die eigentliche Dienstleistung sinken. Und oftmals wirkt das Lächeln wie bei Mona Lisa – man weiß nicht, ob sie lächelt oder ob sie Muskelschwierigkeiten hat ...

Aufgesetzte Freundlichkeit ist also nicht so ergiebig, die Mitarbeiter sollen ja auch nicht wirken, als seien sie gedopt. Natürliche Freundlichkeit bringt viel mehr. Letztlich ist es damit wie mit dem Lächeln: Sie können es nicht anordnen. Man kann nur lächeln, wenn einem ums Lächeln zumute ist. Im Kapitel 5 (Seite 93 f.) zeigen wir Ihnen, wie wir in unserem Hotel versuchen, eine Atmosphäre zu schaffen, in der die Mitarbeiter echt und von Herzen lächeln können.

Neben dem Verhalten der Mitarbeiter im direkten Kundenkontakt prägen die Wohlfühl-Momente in den Serviceabläufen die Stimmung unserer Kunden. Im Luxussegment bieten Hotels mittlerweile exquisite Wohlfühl-Überraschungen an: Das Ausbügeln der Tageszeitung, damit die Druckerschwärze nicht mehr abfärbt, die persönliche Visitenkarte mit der derzeitigen Adresse ...

Eine Luxushotelkette hat sogar den Bade-Butler-Service geschaffen, der gegen Aufpreis den Gästen das Bad auf dem Zimmer mit Pflanzenessenzen, Rosenblättern auf dem Beckenrand und reichlich Kerzen rund um die Wanne zubereitet. Wunderbar für luxusorientierte Gäste.

Wie viel Luxus und Aufwand für das Wohlfühlen der Kunden und Gäste eingesetzt wird, hängt natürlich vor allem von der Preisliga ab, in der ein Unternehmen spielt. Wird zu viel Luxus um das Wohlfühlen betrieben, droht eine Gefahr: Es entsteht Befangenheit – sowohl bei den Kunden als auch bei den Mitarbeitern.

Kunden fühlen und bewegen sich dann nicht mehr locker und selbstverständlich. Häufig reagieren dann auch die Mitarbeiter an solchen Orten auf ihre eigene Befangenheit mit so viel Arroganz, dass es ihnen in die Nasenlöcher regnet. Designerhotels in den Weltstädten sind manchmal derart hochgezüchtet, dass es die meisten Leute nicht mehr als eine oder zwei Nächte aushalten.

Luxus und Wohlfühlen ohne steife, arrogante Etikette wird zum Erfolgsfaktor. Kühl kalkuliertes Servicedesign hingegen wird von den Kunden durchschaut. Kunden schätzen Unternehmen ohne Ecken und Kanten nicht besonders. Sie wollen natürliche Herzlichkeit spüren und dann stört auch die eine oder andere Unebenheit in den Serviceabläufen nicht.

Zu viel und zu wenig Energie

Der E-Faktor bewirkt bei den Kunden eine angeregte und kaufbereite Stimmung. Keine Energie, kein Profit. Nur freundlich und herzlich zu den Kunden zu sein, wird irgendwann zu wenig. Dem Kunden fehlt die Herausforderung: Genau, ich muss wiederkommen.

Wenn Kunden beim Kontakt mit dem Unternehmen zu viel Energie empfinden, dann liegt das meist an einem einzelnen Punkt: An dem zu aggressiven Verkaufsdruck, den sie von den Mitarbeitern verspüren.

Schüchterne Kunden, die Mühe haben, einem solchen Mitarbeiter deutlich nein zu sagen, werden gar nicht mehr kommen. Wer will schon mehr Geld ausgeben, als er eigentlich wollte? Hier wirkt zu viel Energie kontraproduktiv und bringt sogar die Kundenbeziehung zum Abreißen.

Unternehmen müssen bei diesem Punkt aber aufpassen, dass sie die richtigen finanziellen Anreize setzen. Wenn Kellner im Restaurant beispielsweise eine besondere Prämie für jedes verkaufte Dessert bekommen, dann kann es natürlich geschehen, dass der übermotivierte Mitarbeiter den gesättigten Gast auch fragt: «Was, Sie möchten kein Dessert?» In unseren Schulungen und Trainings sensibilisieren wir unsere Mitarbeiter, das richtige Maß für verkaufsanregendes Verhalten zu finden.

Zu viel Energie ist bei Dienstleistungsunternehmen aber sel-

Natürliches Wohlbefinden – Energie

ten ein großes Problem. Ein bisschen zu einsatzbereite Mitarbeiter, ein bisschen zu aufdringliches Vermitteln des Mitarbeiterwissens bleibt meist folgenlos. Die Kunden nehmen es einem Mitarbeiter nicht sofort übel und dieser hat Zeit, sein Verhalten ein bisschen zurückzunehmen.

Häufiger als zu viel Energie ist aber zu wenig Energie in den Serviceabläufen. Im Verkauf können der geschickte Umgang mit Einwänden und der Verkaufsabschluss mit Techniken erlernt und trainiert werden. Aber fünf Minuten vor Ladenschluss denkt so mancher Mitarbeiter eben mehr an seine Freizeit als daran, jetzt noch diese Techniken einzusetzen.

Häufiger als zu viel Energie ist aber zu wenig Energie in den Serviceabläufen.

Wenn Sie als Kunde in einem Fachgeschäft merken, dass die Mitarbeiterinnen Ihrem ausgefallenen Wunsch nur ungern nachkommen, weil sie deswegen im Lager im Keller nachschauen müssen, dann fehlt es an Energie. Wenn in einem Restaurant der Mitarbeiter auf die Frage des Gastes, wie denn eine bestimmte Speise schmecke, keine Antwort weiß, dann spürt der Gast eindeutig zu wenig Engagement und fühlt sich nicht angeregt, sie zu probieren.

Gleich geht es dem Kunden, der seinen persönlichen Bankberater zugeteilt erhält. Der Kunde möchte eines Tages einen Kredit oder ein Kreditlimit überziehen. Leider kann der persönliche Berater nicht antworten und muss sich erst mit weiteren Personen besprechen. Was mit den Augen des internen Kontrollsystems durchaus Sinn macht, wirkt für den Kunden einfach zu wenig fit.

Ein wirkungsvolles Mittel, damit die Mitarbeiter mehr Energie in den Kundenkontakten zeigen, besteht darin, dass das Wissen der Mitarbeiter offensiver den Kunden kommuniziert wird. Wann fühlen Sie sich bei einem Buchhändler angeregter und kaufbereiter? Wenn er Ihnen sagt: «Tut uns Leid, dieses Buch ist nicht mehr vorrätig, ich werde mal schauen ob wir das schon nachbestellt haben.» Oder wenn er sagt: «Tut uns Leid, vor zwei Tagen haben wir das letzte Exemplar dieses Buches verkauft, aber es verkauft sich ja so gut, dass wir gleich nachbestellt haben. Morgen sollte die Lieferung bei uns ankommen. Darf ich ein Exemplar für Sie reservieren?»

Der Unterschied besteht einzig und allein im offensiven Kommunizieren von Mitarbeiterwissen. Es braucht wenig, damit ein Kundenkontakt angeregter verläuft. Aber wir geben meistens viel zu schnell nach und sind schon zufrieden, wenn den Kunden nichts Negatives auffällt.

Oft wird zu aggressiver Verkaufsdruck ausgeübt, weil die andere Möglichkeit, Kunden anzuregen, zu wenig oder gar nicht gepflegt wird: Dem Kunden zuvorzukommen und ihm Wünsche von den Augen ablesen, mehr als gewöhnliche Einsatzbereitschaft zeigen und den Kunden mit unserem Wissen anstecken.

Mitarbeiter müssen jeden Tag die Brille aufsetzen

Das Bewusstsein um das Zusammenspiel dieser Faktoren, um die Einschätzung, wann etwas zu viel, wann etwas zu wenig ist, leben wir in unserem Hotel jeden Tag. Die Teams in allen Abteilungen führen am Schluss ihres Dienstes eine Kurzbesprechung durch. Die TUNE-Besprechungen dauern fünf bis zehn Minuten. Hier wird einerseits Übergabe gemacht und andererseits der Tag beurteilt. Wie war unser TUNE heute? Welches waren heikle Momente, woran lag's, was lernen wir daraus?

Wir wollen damit das Tagesgeschehen schnell und unkompliziert wie mit einem Polaroid-Foto einfangen. Wenn Hilfsmittel zu kompliziert werden, werden sie von den Mitarbeitern nicht konsequent eingesetzt. Wir können keine Schlussbesprechungen so kompliziert wie eine Hasselblad-Kamera brauchen, wo man zu viele technische Details beachten muss und dafür die Stimmung des Tages aus den Augen verliert.

Diese Kurzbesprechungen werden bei uns von jeder Abteilung ein bisschen anders durchgeführt. Viele Bereiche sind dazu übergegangen, dass jeder Mitarbeiter im Turnus diese Besprechungen moderiert. Sie können sich vorstellen, wie sensibel der Azubi das Tagesgeschehen verfolgt, wenn er weiß, dass von ihm am Abend bei der Schlussbesprechung noch eine deutliche Meinung erwartet wird.

Ein wichtiger Lerneffekt war für uns, dass jede Abteilung ihre ganz eigene Definition für die vier Buchstaben festlegte. Es geht um feine Unterschiede in den Abteilungen, darum, die unverwechselbare Stimmung im eigenen Unternehmen zu gestalten. Was T, was U, N und E sein sollen – diese schöpferische Arbeit nimmt den Teams niemand ab.

Aber wenn diese Arbeit sorgfältig gemacht wird, dann wirkt das wie eine Brille, mit der Mitarbeiter aufmerksam die Abläufe im Unternehmen wahrnehmen und gestalten. Wenn wir in unseren Seminaren das TUNE-Konzept vorstellen, dann werden die Seminarteilnehmer unser Haus natürlich auch mit dieser Brille betrachten. Ob wir das wollen oder nicht: Die Gäste im Schindlerhof werden viel sensibler.

Ein wichtiger Lerneffekt war für uns, dass jede Abteilung ihre ganz eigene Definition für die vier Buchstaben festlegte.

Unsere Mitarbeiter wissen natürlich, wenn besonders aufmerksame Gruppen im Hause sind. Aber trotzdem geschieht es immer öfter, dass uns manchmal die Gäste darauf hinweisen, wenn wir etwas besser *tunen* müssen. «Wieso macht Ihr nicht an die japanischen Pflanzen in eurem Garten kleine Schilder wie in botanischen Gärten?», fragte uns ein Tagungsgast, der mit seinen Teamkollegen in unserem japanischen Garten gearbeitet hatte.

TUNE in die Herzen der Mitarbeiter bringen

Unsere neuen Mitarbeiter lernen das TUNE-Modell in unserem hauseigenen eintägigen Seminar kennen. Klar, dass ich als Chef dieses Seminar auch halte, auch wenn noch so viele andere Termine rufen. Nach diesem Tag haben die Mitarbeiter TUNE gelernt. Jetzt sind sie bereit, jeden Tag den Ansatz besser zu begreifen und zu verinnerlichen. Nach dem TUNE-Seminar erhält jeder einen silbernen Sticker mit den vier Buchstaben als Erinnerung überreicht. Uns ist nicht wichtig, ob der Sticker angeheftet wird. Für uns zählt, dass alle Mitarbeiter das Gelernte im Kopf und im Herzen weitertragen.

Im Alltag werden die Neuen mit unserem Ansatz durch die Schlussbesprechung in jedem Dienst immer vertrauter. In jeder Abteilung hängen die kurzen Tagesauswertungen an den Weißtafeln, die wir überall im Übergang vom rückwärtigen Bereich zum Gastbereich aufgehängt haben. Nach einem Monat hat jeder Mitarbeiter alle Tage im Überblick. Die zusammenfassende Auswertung fließt auch in die Monatsberichte der Teamleader ein.

Wir machen häufig Rundgänge und schauen einzelne Bereiche mit der TUNE-Brille ganz genau an. Diese Form von internen Audits ist für uns äußerst ergiebig. Daraus ergibt sich jedesmal genügend Stoff für Verbesserungen und für Trainings. Solche Rundgänge machen wir bewusst ohne Checklisten. Mit diesem Instrument bringen wir unseren Mitarbeitern bei, auf das Ganze zu achten und nicht nur einzelne Punkte zu analysieren. Hinterher wird der Rundgang dann systematisch ausgewertet.

Wir haben auch begonnen, in all unseren Qualitätsdokumenten die Formulierungen konsequent aus Kundensicht zu schreiben. Hieß es: «Halbe Stunde vor Seminarbeginn ist Kaffee bereitgestellt», so wird das jetzt umgeschrieben und es heißt: «Kein Teilnehmer konnte uns überraschen, weil er früher anreiste und wir seinen Pausenkaffee nicht bereitgestellt hatten.» Es mag als Kleinigkeit erscheinen, doch die Arbeit an diesen Formulierungen betrachten wir als weiteren Schritt, damit unsere Führungskräfte ein noch klareres Bild von exzellentem Service entwickeln.

Weil unser TUNE-Ansatz so simpel zu begreifen ist, lebt er auch bei uns im Alltag: «Drei Stühle aufs Mal, das gibt aber großes E.» Oder in einer Abteilung haben Mitarbeiter ein Geheimzeichen für Stresssituationen vereinbart. Ohne dass dies von den Gästen bemerkt wird, können sie sich jetzt während des Dienstes dann erinnern, wenn ein Mitarbeiter unter Stress seine Bestform zu verlieren droht.

Jobs in der Servicebranche werden oft sehr schnell zur Routine. Wenn der Mitarbeiter den Großteil seiner Zeit im direkten Kundenkontakt steht, kann er leicht immer ein bisschen weniger aufmerksam und weniger sensibel werden. Die Aufmerksamkeit hoch zu halten, ist die ganz große Herausforderung für Führungskräfte. Das können sie schaffen, wenn sie im Alltag genug nah mitarbeiten und dabei in häufigen, aber kurzen Gesprächssequenzen immer wieder über das gleiche Thema sprechen.

Nicht besonders originell, aber konsequent durchgeführt, verändert sich dadurch die Wahrnehmungsfähigkeit der Mitarbeiter. Unser laufendes Jahresmotto heißt deswegen auch «AHA: Achtsam und hellwach im Alltag.» Da haben wir uns bereits verbessert und wollen noch besser werden. Bereits flachsen bei uns Mitarbeiter: «War das achtsam und hellwach, oder war das nur Alltag?»

Erste Schritte aus diesem Kapitel:

- Besprechen Sie mit Ihren Mitarbeitern: Was heißt in Ihrem Unternehmen «zu schlapp», was heißt «zu überspannt»? Decken Sie alle vier Faktoren ab: Unternehmens-Spirit, Ordnung und Stabilität, Wohlfühlen und Energie!
- Nehmen Sie wenige konkrete Vorfälle, bei denen zwischen Kunden und Unternehmen etwas schief gelaufen ist! Überprüfen Sie, wie offen, lernbereit und konsequent mit Fehlern umgegangen wird!
- Fragen Sie wichtige Kunden im persönlichen Gespräch nach der Herzlichkeit und Freundlichkeit der Mitarbeiter in Ihrem Bereich!
- Lassen Sie Ihre Mitarbeiter selbst einschätzen, wie stark die Kunden erleben können, dass ihnen Wünsche von den Augen abgelesen werden, dass sie außergewöhnliche Einsatzbereitschaft gezeigt bekommen und ob sie vom Wissen jedes Mitarbeiters angesteckt werden!
- ==Führen Sie in den Kurzbesprechungen der Teams die Regel ein, dass immer mindestens je ein besonders gelungener und je ein negativer Moment mit Kunden besprochen wird!==

5. Serviceketten «aufladen»

Service-Dramaturgie

Stimmung ist der Sound entlang der Servicekette. Dazu müssen wir aber mehr wissen, zum Beispiel wie Kunden einen Laden- oder Restaurantbesuch wahrnehmen. Wie bildet sich beim Kunden Stimmung? Wie erleben Kunden den Ablauf, welches Zeitgefühl haben sie dabei? Wann scheint die Zeit zu schleichen und wann nur so vorbeizufliegen? Und nicht zuletzt: Wann fallen in einer Kette von Serviceerlebnissen einzelne negative Momente am wenigsten auf? Es geht um die bewusste Abfolge, um die Dramaturgie entlang einer Servicekette.

Was Kunden in Erinnerung bleibt, ist die ganzheitliche Einschätzung der Serviceerfahrung. Drei Faktoren laufen in dieser Einschätzung zusammen:

- die Summe der kleinen «Jas» und «Neins»,
- die Hoch- und Tiefpunkte sowie
- der Ausgang des Kauf- oder Besuchserlebnisses.

Über die Summe der kleinen «Jas» und «Neins», also der kleinen Überraschungen und kleinen (oder auch einmal gravierenden) negativen Momente haben wir bereits in den ersten Kapiteln gesprochen. Jetzt gilt es, die Akzente während eines ganzen Aufenthaltes bewusst zu gestalten. Lassen Sie das Serviceerlebnis für Ihre Kunden ruhig beginnen. Kunden müssen zuerst körperlich und mental ankommen und sich vorbereiten. Das Fitnessstudio, das bereits vor dem Eingang Spiegel montiert hat, gibt so seinen

Die Summe der kleinen «Jas» und «Neins», die Hoch- und Tiefpunkte sowie der Ausgang des Kauf- oder Besuchserlebnisses – das alles fließt in die ganzheitliche Einschätzung der Kunden.

weiblichen und männlichen Kunden die Gelegenheit, Frisur und Kleider noch etwas zurechtzurücken und mit einem sicheren Gefühl auf die Empfangstheke zuzugehen.

In der ersten Minute des Aufenthaltes geht es für ihre Mitarbeiter darum, den Kunden die Sicherheit zu geben, dass sie willkommen sind, und sie darin zu bestätigen, dass sie die richtige Wahl getroffen haben. Überlassen Sie das Verhalten der Mitarbeiter in diese ersten Phase nicht dem Zufall, sondern treffen Sie Regelungen, was Kunden beim und unmittelbar nach dem Eintreten erleben sollen.

Kunden brauchen auch nach dem Ankommen Zeit, um sich zu orientieren. Kurze mündliche Hinweise oder Informationstafeln übernehmen diese Funktion. Am Schluss dieser Orientierungsphase sollte ein positiver Akzent gesetzt werden und in die nächste, aktivere Phase überleiten. Im Restaurant wird dieser Akzent meist mit dem Bringen der Speisekarte, dem Anzünden der Kerze auf dem Tisch und einem kleinen Brotkorb gesetzt. Am Kundenschalter ist es das «viel Vergnügen», mit dem der Kunde zum nächsten Schritt geht.

Während des Aufenthaltes gibt es dann auch immer ruhigere Phasen. Lassen Sie aber die Spannung der Kunden auch während Wartezeiten nicht zu tief sinken. Geben Sie Ihren Kunden Gelegenheit, sich anregen lassen. Kunden, die mit etwas beschäftigt sind, merken nicht mehr, wie lange eine Sequenz dauert. Zeitschriften im Wartezimmer, die Uhr oder die Markierungen am Boden, die die verbleibende Wartezeit anzeigen, die kleinen Spiele zum Zeitvertreib, die Bildschirme usw. übernehmen diese Funktion. Je beteiligter und angeregter die Kunden in den Ablauf involviert sind, desto weniger schnell sind sie aufgebracht, wenn einmal etwas schief laufen sollte.

Für Kunden sind Wartezeiten nicht grundsätzlich negativ. Oft sind sie sogar mehr an einer freien Wahl als an einer schnellen Reaktion interessiert. «Bis wann möchten Sie Ihren Wagen zurück? Bis heute Abend oder reicht morgen Mittag?» Um das natürliche Wohlbefinden zu steigern, prüfen Sie, wann Sie mit wenig Aufwand Ihre Kunden auswählen lassen können. Wie in den meisten Hotels überlassen wir unseren Gästen die Entscheidung, ob sie mit ihrem Wecker auf dem Zimmer oder mittels Weckruf den Tag beginnen wollen.

Für Ärzte, Anwälte, Lehrer, Pysiotherapeutinnen usw. stellt sich ein besonderes Problem: Sie müssen zumindest von Zeit zu Zeit ihren Kunden oder Patienten negative Momente bescheren. Deshalb müssen sie versuchen, solche schlechten Nachrichten, Schmerz, Unbequemlichkeit und andere missliebige Dinge so kurz wie möglich zu halten. Je länger eine negative Erfahrungen dauert, desto mehr wird diese Erinnerung daran die gesamten Erfahrungen des Kunden dominieren.

> **Je beteiligter und angeregter die Kunden in den Ablauf involviert sind, desto weniger schnell sind sie aufgebracht, wenn einmal etwas schief laufen sollte.**

Machen Sie selber ein Gedankenexperiment. Sie spielen um kleinere Geldbeträge. Was bevorzugen Sie? Zweimal fünf Euro gewinnen oder einmal zehn Euro? Die meisten Leute spielen gerne zweimal. Wie ist es mit dem Verlieren? Lieber einmal zehn Euro oder zweimal fünf Euro? Eben.

==Aus diesem Grund sollten Unternehmen erfreuliche Erfahrungen auf mehrere Servicephasen verteilen und unerfreuliche in einer Phase zusammenfassen.==

Von höchster Bedeutung ist die Schlussphase eines Aufenthalts. Jetzt müssen Sie den Service eindrucksvoll abschließen. Das Ende hat weit mehr Gewicht, weil das, was sich in dieser Phase noch abspielt, am besten in der Erinnerung des Kunden haften bleibt. Darum beschließen Kreuzfahrten jeden Tag mit einigen Höhepunkten – Mitternachtsbuffets, Tombolas, Wettbewerbe,

Shows und dergleichen mehr. Und darum hat als Höhepunkt der Woche das Captain's Dinner nach wie vor eine zentrale Bedeutung für die Passagiere.

Am Schluss des Serviceerlebnisses brauchen Sie einen Paukenschlag oder zumindest einen Tusch. In unserem Restaurant überreichte der Kellner den Stammgästen, die wir gut kannten, beim Zahlen eine Musikdose, die die Rechnung enthielt. Beim Öffnen spielte die Musik das Lied «Wer soll das bezahlen ...»

Gehen Sie mit Ihren Mitarbeitern einen Serviceablauf systematisch durch. Welche der Begegnungen sollten verlängert oder positiv gestaltet werden? Welche sollten verkürzt werden? An welche freundlichen Momente soll sich der Kunde besonders genau erinnern?

Wie schon erwähnt: Es dürfen keine Kratzer und keine abrupten Übergänge im Serviceablauf drin sein. Das ist in der Praxis das größte Problem.

Sie haben dreißig gut aufgelegte Mitarbeiter und einer ist schlecht drauf – und genau dieser wird mit Ihrem heikelsten Kunden am Telefon sein. Und er wird gerade dann vor Ort sein, wenn ein anderer komplizierter Kunde mit einer Beschwerde daherkommt. Eine schlechte Phase von einem Mitarbeiter, der nicht in Bestform ist, kann alles kaputtmachen, was die anderen Mitarbeiter vorher aufgebaut haben.

Fragen Sie deshalb zuerst Ihre Mitarbeiter, bei welchen Punkten in den Abläufen sie selbst nicht zufrieden sind. Beginnen Sie mit den Punkten in einer Servicekette, bei denen die Basisqualität nicht stimmt. Hier haben Sie den größten Nachholbedarf. Was sich hier verbessert, das wird auch von den Gästen meist sofort wahrgenommen.

Enge oder offene Regieanweisungen?

Dort, wo Sie in den Abläufen Regelungen treffen, führen Sie Regie in Ihrem Servicestück. Bei den Regieanweisungen stellt sich die Frage: «Wie eng soll die Regie sein?» Irgendwo auf der Skala zwischen gar keinen und sehr engen Anweisungen werden Sie sich entscheiden. Stellen Sie sich das am Beispiel der Begrüßung des Gastes konkret vor:

Extrem enge Regeln (oder Standards) gibt es oft in der Systemgastronomie. Bei der Begrüßung kann sich das etwa so anhören: «Spätestens wenn sich der Gast zwei Meter ins Lokal hinein bewegt hat, wird er mit einem ‹Herzlich Willkommen›, einem strahlenden Lächeln und direktem Augenkontakt begrüßt.» Vielleicht heißt es sogar weiter: «... und verneigen uns mit einer unmerklichen Zehn-Prozent-Neigung des Oberkörpers.» Man kann alles übertreiben. Bei zu engen Anweisungen beginnt das Verhalten automatenartig zu werden.

Was geschieht, wenn Sie hingegen gar keine Regieanweisungen geben? Es bleibt dem Zufall, den ganz persönlichen Vorlieben jedes Mitarbeiters oder der Vorbildwirkung der Führungskräfte überlassen, wie die Mitarbeiter den Gast begrüßen. Die Erfahrung zeigt, daß das oft nicht für einen magischen Moment reicht.

Wir haben bei uns für die Begrüßung einen Zwischenweg gewählt und für alle Mitarbeiter Folgendes festgelegt: Durch ein freundliches Auftreten mit einem netten Lächeln wird dem Gast unsere volle Aufmerksamkeit zuteil; der Gast steht im Mittelpunkt unseres Tuns. Der Gast spürt unsere Freude über sein Kommen und wir begrüßen ihn herzlich. Nach Möglichkeit begrüßen wir unsere Gäste immer namentlich. Wir fragen nach seinem Anliegen und sind ihm behilflich. Direkt bei der Begrüßung ver-

Wir wollen keine stur handelnden Mitarbeiter, sondern Menschen, die ihre ureigenste Persönlichkeit in die magischen Momente mit dem Gast einfließen lassen.

suchen wir die Vorlieben des Gastes zu ergründen, um seine Bedürfnisse weitgehend zu befriedigen und ihm dadurch seinen Aufenthalt so angenehm wie möglich zu gestalten.

Engere Anweisungen gibt es bei uns nicht. Wir erinnern mehr an unsere Leitwerte, an die Atmosphäre, die bei der Begrüßung entstehen soll. Wir wollen keine stur handelnden Mitarbeiter, sondern Menschen, die ihre ureigenste Persönlichkeit in die magischen Momente mit dem Gast einfließen lassen.

Die Aufführung, das Stück – jeder Mitarbeiter interpretiert es ein wenig anders, und erst das macht es lebendig und einzigartig. Alle Managementmethoden scheitern letztlich an nicht akzeptierter Individualität – das ist eine Grundthese von Reinhard Sprenger. Was bei einem Mitarbeiter überspannt daherkommt, passt bei anderen bestens. Gestern hat eine Mitarbeiterin vom Frühdienst dem Gast um 5 Uhr 15 den Kaffee gleich an der Rezeption zubereitet. Heute Morgen hat sie ihm einen Zettel mit einem frischen Spruch hingelegt. Beides hat gepasst, so etwas können Sie schlicht nicht regeln.

In unseren hauseigenen Schulungen machen wir unseren Mitarbeitern klar: Jeder Mitarbeiter muss sein eigenes TUNE leben. Es gibt ein Zuviel und ein Zuwenig. Wir geben dir Freiräume – und wie alle Räume haben auch sie Grenzen, die wir mit unseren Regieanweisungen im Qualitäts-Handbuch vorgeben. Die Mitarbeiter wollen ihre eigene Persönlichkeit nicht zu Hause lassen. Sie geben ihr Bestes, wenn sie ihre Besonderheiten, ihre Individualität einbringen können. *One size doesn't fit all.* Es passt nicht überall das Gleiche. Eigenheiten und Persönlichkeitsunterschiede der Mitarbeiter sind nicht Störfaktoren, sondern Herausforderungen. Führungskräfte müssen diese feinen Unterschiede beachten. Wenn die Führungskräfte das nicht tun, werden sich die Mitarbeiter fragen: Wieso sollen wir uns intensiv um die Verschiedenheiten und Eigenarten der Kunden kümmern, wenn auf unsere Eigenheiten nicht eingegangen wird?

«Die persönliche Entfaltung von Einmalig- und Einzigartigkeit macht Arbeit bei uns schöpferisch und produktiv.» So steht es in unserer Broschüre Spielkultur. «Bis hierher und nicht weiter» – dafür haben wir bei uns ISO. Im Schindlerhof finden wir es spannend, nicht überall dreinzureden, sondern die Möglichkeit zu geben, dass jeder Mitarbeiter sein Bestes in die Aufführung eingeben kann. Erfolg ist zu 15 Prozent Fachwissen und zu 85 Prozent Persönlichkeit.

Von außen nach innen gestalten

Bei der Gestaltung von Serviceabläufen vernachlässigen Unternehmen oft, ihre Abläufe konsequent aus Kundensicht zu gestalten. Von außen nach innen gestalten nennen wir es.

In vielen Urlaubsorten wird den Vitrinen der örtlichen Tourist-Info-Schalter zehnmal mehr Aufmerksamkeit geschenkt als den Ortstafeln an den Dorfeingängen und -ausgängen. Obwohl gerade da die höchsten Besucherfrequenzen zu verzeichnen sind. Das ist Gestaltung von innen nach außen. Wenn Mitarbeiter im Supermarkt leere Gebinde wegen Platzmangels in den Laufwegen der Kunden stehen lassen, dann ist auch das ein Verhalten von innen nach außen. Oder wenn Sie mit Ihrem Kind wegen eines Unfalls auf die Notfallstation kommen, werden nach ein paar kurzen Fragen zur Abschätzung der Schwere der Verletzung als Erstes alle Personalien des Kindes aufgenommen. Über das, was Sie und Ihr Kind bewegt, nämlich die Schwere der Verletzung und wie es jetzt weitergehen soll, darüber erfahren Sie von den ständig im Notfallzimmer ein und aus gehenden Mitarbeitern in der ersten Phase des Aufenthaltes gar nichts.

Oft sind es nur Kleinigkeiten, die den Kun-

Oft sind es nur Kleinigkeiten, die den Kunden den Eindruck geben, dass sie sich den internen Abläufen des Untenehmens anpassen sollten.

den den Eindruck geben, dass sie sich den internen Abläufen anpassen sollten: Interne, technisch klingende Kürzel bei Korrespondenz («Leiter Abt. DT2»), schwer oder nicht verständliche Fachsprache in Broschüren usw.

Ihre eigenen Abläufe umgestellt hat hingegen eine Baufirma, die für Zimmereien das Material für Dachstühle zuschneidet: Die Lieferung eines Dachstuhls aus über 200 Einzelteilen wird jetzt nicht mehr nach dem Produktions-, sondern nach dem Montageablauf bereitgestellt. Ein durchgängiges System mit übersichtlicher Nummerierung der Bauteile und Pakete, die Kennzeichnung in den mitgelieferten farbigen Planunterlagen und die Nachvollziehbarkeit in den Lieferunterlagen verkürzen die Montagezeit weiter. Die Nummern der angrenzenden Bauteile werden mittels eines Inkjet auf das Holz gespritzt, um eine noch schnellere, fehlerlose Montage zu ermöglichen.

Und umgestellt hat auch das Kleinunternehmen, das sich auf Kunden mit PC-Crashs und damit verbundenem Datentotalverlust spezialisiert hat. Bisher wurden die nervlich völlig aufgelösten Kunden von einem Techniker mit einem ausgeklügelten Fragenkatalog nach Daten rettenden Möglichkeiten ihres PCs abgefragt. Wenn dann die Kunden in ihrer Hektik den Techniker nicht sofort verstehen konnten, waren sie meist in Sekundenschnelle außer sich. Die Absprungquote der telefonischen Kontakte war so hoch, dass das Unternehmen eine Mitarbeiterin einstellte, die bisher in der Notauskunft für suizidgefährdete Jugendliche gearbeitet hatte. Mit ihrer einfühlsamen Art, die Kunden zu beruhigen, gelang es, die Absprungrate auf ein drastisch tieferes Niveau zu senken. Auch hier war zuerst eine Änderung der Blickrichtung bei der Gestaltung des Serviceerlebnisses nötig. Von der Innensicht des Technikers zur Außensicht der Telefonseelsorgerin.

Klarheit über Atmosphäre

Bei der Gestaltung von Serviceabläufen müssen sowohl beim Ambiente als auch beim Verhalten der Mitarbeiter viele Details geregelt werden. Wichtiger, als jedes kleinste Detail vorzugeben, ist die Atmosphäre, die der Kunde über das ganze Stück und auch in einzelnen Sequenzen erleben soll. Die Frage: «Welche Regeln legen wir für die Mitarbeiterbekleidung fest?», muss natürlich beantwortet werden.

Aber die wichtigere Frage muss vorausgehen: «Welche Atmosphäre soll der Gast in unserm Lokal erleben und was kann die Mitarbeiterbekleidung dazu beitragen?» Unkomplizierte T-Shirts, Hemden mit Bistroschürzen oder Gilets zu schwarzen Hosen für die Kellner: Jedesmal wirkt die Stimmung im Raum etwas anders. Vergleichen Sie es mit der Partitur, die ein Dirigent vor sich hat: Da stehen auch Regieanweisungen zur Atmosphäre, zur Spielweise, mit drin. Ob etwas «adagio», also langsam, ob es «maestoso» – erhaben, großartig – gespielt wird, lässt ganz verschiedene Stimmungen entstehen. Und zwischen «scherzo» für heiter-fröhlich und «allegro» für eine lebhafte Spielweise gibt es feine Unterschiede, die der Profi genau kennt.

Der Komponist hat eine bestimmte Vorstellung, welche Atmosphäre in welcher Passage seines Musikstücks spürbar werden soll. Wenn Werber eine Anzeige gestalten, haben sie neben den Botschaften, die kommuniziert werden sollen, immer auch eine Vorgabe bezüglich Tonalität, der Grundstimmung, die eine Anzeige vermitteln muss. Wenn ein Hotel seine Gäste am Telefon mit «Hallihallo, Hotel ...» begrüsst, dann wissen Sie sofort, welche Stimmung Sie in diesem Hotel erwarten dürfen. Überlassen Sie es also auch nicht dem Zufall, welche Atmosphäre der Kunde in Ihrem Servicestück erleben soll.

Überlassen Sie es nicht dem Zufall, welche Atmosphäre der Kunde in Ihrem Servicestück erleben soll.

Sie können auch durch die Atmosphäre bei einzelnen Details das Gesamterlebnis des Kunden beeinflussen. In unserem Restaurant haben wir uns mit der Küche dem Motto «Franken geht fremd» verschrieben. Wir verbinden Spezialitäten aus der Region mit Speisen rund um die Welt. Manchmal runden unsere Köche regionale Speisen auch mit fremdländischen Saucen und Gewürzen ab. Uns geht es nicht darum, die modisch gewordene Crossover-Kombination von ungewöhnlichen Stilen mitzuspielen. Sondern wir wollen unseren Gästen ein inspirierendes Erlebnis in unserem historischen Gutshof-Ambiente bieten. Und Filet Mignon im gemütlichen Ambiente unseres Restaurants? So was passt nicht zu uns und nicht zu unseren aufgeschlossenen Gästen.

Akzente setzen

Neben den kleinen «Jas» und «Neins» werden sich die Kunden nach dem Serviceerlebnis an die Höhe- und Tiefpunkte während ihres Aufenthaltes erinnern. Tiefpunkte muss man mit klassischer Qualitätssicherung vermeiden. Höhepunkte dagegen müssen in die Abläufe eingebaut werden. Je nach Dauer des Kontakts und des emotionalen Engagements der Kunden können ganz bewusst lautere oder leisere Akzente im Ablauf platziert werden. Das können Akzente für das Auge oder aber auch für den Hör-, Geruchs-, Geschmacks- oder den Tastsinn sein. Akzente im Serviceablauf müssen aber immer so stark sein, dass Kunden sich wirklich sofort auf sie konzentrieren werden.

Akzente im Serviceablauf müssen immer so stark sein, dass Kunden sich wirklich sofort auf sie konzentrieren werden.

Zufahrten und Eingänge werden oft zum Auftakt markant gestaltet. Repräsentative Vorfahrten, der rote Teppich, Spaliere, breite Treppen, der Laufsteg im Trendrestaurant oder beim Zirkus der lange, enge und meist abgedunkelte Eingang, der nachher das Zelt umso größer erscheinen lässt – das sind alles gestalterische Akzente in der Eröffnungsphase.

Auch das Glas Champagner beim Empfang oder der nach dem Einchecken des Gastes persönlich auf das Zimmer gebrachte kleine kulinarische Gruß aus der Küche haben dieselbe Funktion. Ein Malergeschäft setzt bei seiner Privatkundschaft in der frühen Beratungsphase Farbtafeln aus einem farbpsychologischen Test ein und verblüfft so seine Kunden.

Riesige Kronleuchter, dekorativ große Blumenbouquets, Gemälde oder Skulpturen sind gestalterische Akzente, die der Kunde während seines Aufenthaltes wahrnehmen wird. Mit Butter oder Schokolade hergestellte Schaustücke aus der Küche, Speiseplatten, die vor dem Servieren gezeigt werden, in der gehobenen klassischen Gastronomie die Cloches, die von den Kellnern auf Kommando entfernt werden, usw., erzeugen alle ebenfalls Momente, in denen der Service die Aufmerksamkeit der Kunden bekommen wird.

Auch zwischendurch können kleine Akzente fest oder spontan eingeplant werden. Der Küchenchef, der aus seiner Küche kommt und am Tisch ins Gespräch mit Gästen kommt, das Zubereiten von Speisen vor dem Gast usw.

Die Eckpunkte in der Schlussphase sind besonders wichtig, weil sich die Kunden an sie gut erinnern werden. Kleine Tischfeuerwerke, die große Torte, der Abschiedstanz, das Abschiedsgeschenk markieren den Schluss eines Serviceerlebnisses.

In unserem Tagungszentrum setzen wir Akzente mit unserem Sushi-Band für die Kaffeepausen der Tagungsgäste. Und statt eines echten lodernden Kaminfeuers haben wir einen Großbildschirm, auf dem meist ein virtuelles Kaminfeuer eingespielt wird. Im Hof unseres historischen Anwesens haben wir ein Backhaus gebaut. Es ist ein starker visueller Blickfang, das Befeuern bringt immer eine romantische Stimmung in den Hof und während des Backens kann man den Duft über den ganzen Platz riechen.

Und das Backhaus vermittelt genau die Kompetenz «frisch, hausgemacht», die wir mit unserer Küche erreichen wollen. Akzente dürfen nicht nur Gags und Blickfang sein. Sie sollen Aufmerksamkeit wecken und dann beim Kunden die Werte und den Geist des Unternehmens einprägen.

Details, die Kunden berühren

Kunden erleben Serviceketten positiv, wenn Akzente und Höhepunkte spürbar sind und wenn die Summe der kleinen positiven Details in guter Erinnerung bleibt. Vor allem die kleinen Details sind entscheidend. Denn man weiß nie, welches Detail schliesslich den Kunden berührt.

Die kleinen Details sind entscheidend. Denn man weiss nie, welches Detail schließlich den Kunden berührt

Nur ein bisschen die Details zu verbessern, reicht nicht. Wenn Kunden nur an zwei, drei besonderen Details vorbeikommen, werden sie sie je nach Aufmerksamkeit glatt übersehen oder überhören. Wir halten zwar viele von unseren Glückssteinen auf der Theke an der Rezeption. Aber für sieben von zehn Kunden sind sie wahrscheinlich nicht unmittelbar interessant. Aber wenn wir die anderen drei Kunden damit ein klein wenig berühren können, haben wir viel erreicht. Genauso ist es mit den anderen Details, man weiß nicht immer, wer sich wodurch berühren lässt.

Bei uns heißt Arbeit an Details, dass wir uns einen kleinen Bereich, eine kleine Servicesequenz vornehmen. Einmal ist es das Hotelzimmer, ein anderes Mal der Gang zu den Toiletten. Wenn mehrere Details in einem Bereich zusammenwirken, dann steigt die Wahrscheinlichkeit, dass die Gäste dies wahrnehmen und dass der eine Gast mit dem andern über die überraschend vielen Details ins Gespräch kommt. Kunden müssen so viele Details entdecken können, dass sie untereinander immer Gesprächsstoff haben.

Kaffeepausen im Tagungszentrum sind für alle Tagungshotels eine wichtige Zone. Hier treffen sich die Leute für informelle Gespräche und hier tanken sie ihre Batterien wieder auf.

Wir wollten mit unserem Sushi-Band als Blickfang noch einen draufgeben. Aber nur das Band allein ist nicht mehr als ein Gag. Wir wollen in der Kaffeepause unseren Kunden einen ganzen bunten Strauß mit einer Vielzahl von Kleinigkeiten präsentieren. Also haben wir Kaffeepausen thematisch nach Zonen gegliedert: Es gibt eine Obstwiesen-, eine Milchstraßen-, eine Durstlöscher-, eine Kornfeld- und eine gesunde Zone. Auf unserer Milchstraße hat es beispielsweise immer unterschiedliche Dinge wie Milchschnitten, Joghurt, Buttermilch-Fruchtquark, Softeis oder kleine Becher mit Milchshake. Wir wollten unsere Kompetenz für Essen und Trinken auch atmosphärisch unterstreichen und haben Kaffeesäcke im Seminarbereich aufgestellt. Ein paar kleine Details sind zu wenig.

Bei uns sind natürlich auch die Hotelzimmer ein wichtiger Moment im Erlebnis der Kunden. Von unseren berühmten Gummientchen an der Badewanne bis zu den kleinen kurzen beim Lavabo pflegen wir allein im Badezimmer eine Vielzahl von Kleinigkeiten. Für Details muss auch das Zusammenspiel mit anderen Abteilungen funktionieren: Der Servicemitarbeiter im Restaurant merkt sich, dass der Gast Mineralwasser ohne Kohlensäure trinkt. Er informiert darauf das Housekeeping, und das Mineralwasser, das standardmäßig bereitsteht, wird auf dem Zimmer ausgetauscht – versehen mit einem kleinen Hinweis auf der Visitenkarte der Hausdame. Hier spürt der Gast Begeisterung, Einsatzbereitschaft und perfekt abgestimmte Abläufe zwischen den einzelnen Bereichen.

In allen Bereichen treffen Gäste bei uns auf außergewöhnliche Details. Wir verwenden in der Küche Himalajasalz mit allen Spurenelementen und unfiltriertes Meersalz. Auf den Tischen haben wir im Frühling statt Blumen kleine Kräutertöpfe mit Thymian aufgestellt. An besonders heißen Tagen offerieren wir hausgemachte Lutscher mit ungewöhnlichen Aromen, bei besonderen Gelegenheiten bringen wir das Brot in Tontöpfchen gebacken lauwarm an den Tisch usw.

Einer unserer Azubis war unzufrieden mit der Situation von Eltern mit Kindern. Wir wollen mehr Familien mit Kindern als regelmäßige Restaurantbesucher gewinnen. «Buntstifte oder Gameboys, kann es nicht noch etwas anderes sein?», fragte sich unser Azubi. Sie entwickelte einen Rundgang für Kinder durch unser Anwesen, auf dem sie mehr über die Geschichte und über die früheren Eigentümer des Schindlerhofs erfahren konnten. Welches Tier gehört zu den Bremer Stadtmusikanten und sitzt auch auf einem unserer Dächer? Wie heißt unsere Restaurantleiterin im Schindlerhof? Wer hat vor dem Kreativzentrum seinen Händeabdruck wie in Hollywood hinterlassen?

In allen Bereichen treffen Gäste bei uns auf außergewöhnliche Details.

Dann gehen die Kinder auf den Rundgang, anschließend kochen die kleinsten Köche der Welt mit einem unserer Azubi-Köche ein leckeres Menü. Die Kinder sind sinnvoll beschäftigt, die Eltern sind entspannt, die Mitarbeiter sind entlastet. Eine kreative Lösung für Kinder und dazu ein wunderbarer Lerneffekt für unseren Azubi. Details müssen aber nicht immer einzigartig und deshalb erinnerbar sein. Wenn die Rezeptionsmitarbeiterin den treuen Stammgast erkennt, sieht, dass das Haus nicht voll ist, und ein «upgrading» tätigt, welches dem Gast auch herzlich mitgeteilt wird, dann ist das nicht besonders originell. Aber es wirkt immer wieder auf ihn, auch wenn er den gleichen zuvorkommenden Service in anderen Häusern erleben kann.

Diese Arbeit an den kleinen Details macht allen unseren Mitarbeitern Freude. Und immer wieder gibt es einen neuen Bereich, den wir noch verbessern können. Irgendeine Ecke hat bestimmt zu wenig N und zu wenig E. Damit eine Vielzahl von solchen Details nicht aufgesetzt wirkt, muss die Basisqualität auf einem hohen Niveau sein. Wenn der Gast am Tisch ein unsauber geputztes Glas vor sich sieht, schaut er sofort darauf und dann kann ihm unser wunderbares Thymian-Tontöpfchen gestohlen bleiben.

Wir investieren sehr viel Zeit in die Pflege und Weiterentwicklung unserer Details. Wir haben diese Fähigkeit als eine unserer Sahnehauben definiert, mit denen wir uns von unseren Mitbewerbern abheben wollen. Aber ohne eine hohe Schlagzahl mit immer neuen Kleinigkeiten kriegen Sie heute keine Überraschungsqualität hin.

Heimliche Berührungen

Blickfänge und Höhepunkte sind die lauten Reize in einem Serviceerlebnis. Die kleinen «Jas» und «Ohos» werden von unseren Kunden ebenfalls noch deutlich wahrgenommen. Jeder Kunde wird sich nach seinem Aufenthalt an einige der Kleinigkeiten erinnern. Daneben gibt es aber noch Dinge, an die sich der Kunde nach seinem Aufenthalt kaum mehr erinnern wird. Sie wirken meist unterschwellig, eben – heimlich.

Heimliche Berührungen können über alle Sinne vermittelt werden, sie wirken meist unterschwellig.

Heimliche Berührungen können über alle Sinne vermittelt werden. Die leise Sphärenmusik im Hintergrund wird von unseren Tagungsgästen kaum wahrgenommen. Erst wenn sie abgestellt wird, realisieren sie, dass jetzt etwas fehlt. Längst weiß man im Einzelhandel um die verkaufsfördernde Wirkung des richtigen Musikhintergrundes. In vielen Restaurants wird die Lautstärke der Musik im Laufe eines Abends auf- oder abgedreht, je nachdem, wie angeregt die Stimmung bei den Gästen im Lokal gerade ist.

Düfte sind eine weitere Quelle von heimlichen Berührungen. Duftpyramiden, mit denen im Tagesablauf verschiedene Düfte

Touched by the spirit – **U**nterstützt durch sichere Abläufe

eingespielt werden, sind heute in Hotels weit verbreitet. Duft-Potpourris aus Blüten, exotischen Hölzern oder Kräutern sind heute zu beliebten Geschenkartikeln geworden und tauchen als Accessoires auch in Ladenlokalen auf. Düfte transportieren Erinnerungen; jeder von uns hat Düfte aus seiner Jugendzeit gespeichert. Das Point-of-sales-Backen im Lebensmittelhandel wirkt primär, weil wir uns dem Duft von Frischgebackenem nur schwer entziehen können.

Warme, sinnliche Oberflächen vermitteln uns ebenfalls unterschwellige Wohlfühl-Momente. Solche Materialien sind im Trend und haben glatte, kalte und perfekte Oberflächen abgelöst. Wir spüren sofort den Unterschied zwischen dem Tritt auf einem gewöhnlichen Teppich und dem auf einem edlen, trittdämpfenden Teppich.

Knirschender Kies und Terracotta-Töpfe lassen mediterrane Stimmung aufkommen. Die Kies- und Steinlandschaft mit Bambus wurde bei uns im Schindlerhof sofort als Bote japanischer Gartenkultur erkannt. Korbstühle auf einer Terrasse, fröhlich-bunte Farben auf weißem Hintergrund lassen bei den meisten Kunden Assoziationen zum unbeschwerten Leben am Strand aufkommen. Mit Streifenmustern mit dunklem Blau auf Weiß verbinden wir jedoch eher eine gediegene Strandpartie.

Achten Sie auf die Motive in den Katalogen von Mode- und Einrichtungshäusern: Der Sommer wird auch bei uns immer mehr vom Leitmotiv der unkomplizierten, sinnesfreudigen Beachparty geprägt. Im Winter übernimmt das festlich-feierliche Motiv dieselbe Rolle. Design und Mode beschäftigen sich vorwiegend mit den Prinzipien der heimlichen Berührungen. Ambiente ist deshalb im Handel, in der Hotellerie und Gastronomie sowie in der Freizeitbranche zu einem Schlüsselfaktor geworden.

Unser eigenes Restaurant unterziehen wir nach ein paar Jahren immer einem Facelifting. Farbe, Textilien, Dekorationen und Geschirr werden in einem langen Verfahren sorgfältig aufeinander abgestimmt. Wenn dann das neue Geschirr mit unserem Hauslogo endlich angeliefert wird, steigt die Spannung auf den Eröffnungsabend und den Test durch unsere Gäste an der Premiere. Werden sie berührt, kommt das neue Ambiente an?

Kleine Geschichten zu erzählen, ist eine nächste Quelle für heimliche Berührungen. Ein gehobenes Restaurant am Bodensee hat sich der regionalen Küche verschrieben. In der Speisekarte werden auch die Lieferanten, die beiden Fischer, vorgestellt: «Die beiden werfen ihre Netze auch in der kalten Jahreszeit aus. Nicht selten müssen sie sich mit einem Pickel eine Fahrstraße in das Wasser einschlagen. Belohnt werden sie mit einem hochwertigen Fang. Denn kaltes Wasser ist nicht nur der Garant für bestes Fischfleisch, auch seltene Fischarten wie Trüsche und Äschen tummeln sich bei eisigen Temperaturen im See.» Hier wird den Kunden eine kleine Geschichte erzählt, die mehr über die Geschäftsphilosophie der Betreiber sagt, als wenn eine Broschüre mit der Firmenphilosophie aufliegen würde.

Design und Mode beschäftigen sich vorwiegend mit den Prinzipien der heimlichen Berührungen. Ambiente ist deshalb im Handel, in der Hotellerie und Gastronomie sowie in der Freizeitbranche zu einem Schlüsselfaktor geworden.

Heimliche Berührungen steigern das Wohlbefinden der Kunden. Kunden wollen in einer Welt voller Hektik, Technik und zu viel Informationen auch wieder stillere, zurückhaltendere Berührungen erleben.

Schilder und Tafeln sprechen lassen

Betrachten Sie Schilder und Tafeln als Fortsetzung des persönlichen Kundengesprächs. Sie sind natürlich nicht so lebendig, und es gibt keinen Dialog – aber dafür funktioniert die Kommunikation unabhängig von der Tagesordnung eines Mitarbeiters und ohne Mitarbeitereinsatz. Schilder und Tafeln müssen nicht nur informieren und unmittelbar verkaufen, sondern auch Atmosphäre und Charakter vermitteln. Sie sind ein Instrument für den Wohlfühl- und den Spirit-Faktor.

Nehmen Sie sich einmal die Zeit und betrachten Sie Schilder unter diesem Aspekt. Oft werden sie nur für Hinweise und Verbote («Hier geht's zum ...» bzw. «Rasen nicht betreten») eingesetzt. Oder sie transportieren eine schlichte Verkaufsbotschaft («Heute Aktion»). Der Wohlfühl- und Spirit-Faktor wird aber beim Kunden damit nicht erhöht.

Lieblos oder mit zu kleiner Schrift beschriftete Tafeln vor dem Lokal, Flugblätter im A4-Format als Ersatz für das Schild, bei dem sich das Klebband langsam löst, Texte in bürokratischer Hausmeistersprache geschrieben. Hier lebt die Servicewüste Deutschland weiter. Oft wirken Tafeln und Schilder auch billig, wenn das Logo des Herstellers dominierender erscheint als die Botschaft des Ladengeschäfts oder des Lokals selbst. Dabei geht es auch anders: Zeitgemäße, kunstvolle Wirtshausschilder oder sauber gestaltete Logos, stilvolle «Reserviert»-Schilder, dekorative, überdimensionale Schiefertafeln, ansprechend gestaltete Infoblätter und -broschüren usw. steigern den Wohlfühl-Faktor. Häufig verpassen Unternehmen auch die Chance, ihre eigenen Werte auf künftige Art und Weise zu kommunizieren. Wenn sie beim Eintritt in ein Lokal auf der Schiefertafel vor der Eingangstür lesen: «Herzlich willkommen. Zu Kaffee und Kuchen. Zu einer Runde Bier» oder wenn steht :«Über Mittag preiswerte Menüs» – dann wissen Sie genau, was Sie erwartet: Nullachtfünfzehn-Speisen in einem Nullachtfünfzehn-Lokal.

Wenn sich unser Gast beim Frühstück oder in der Mittagspause vom Buffet bedient, dann stellen wir kleine Schilder mit der Produktbezeichnung und einigen wenigen, weiterführenden Informationen auf. So steigern wir das Erlebnis für den Gast. Der durchschnittliche Geschäftsgast bei uns erkennt doch nicht allein von Auge, wie viel Mühe sich unsere Küche bei den fünf verschiedenen hausgemachten Konfitüren gegeben hat.

Wenn der italienische Wirt in seiner Kaffeebar das Plakat des Fussballspiels zwischen seinen Stammgästen noch Monate nach dem Spiel hängen lässt, ist das nicht Faulheit, sondern Ausdruck seiner Leidenschaft für Fußball. Und genau deswegen (und wegen des hervorragenden Espressos) hat er ein bunt gemischtes Publikum in seiner Bar wie sonst kein Café in der Stadt.

Wie in Amerika ist es auch bei uns mittlerweile weit verbreitet, dass Kunden und Partner immer wieder auf das *Mission Statement*, das Leitbild des Unternehmens stoßen. Neulich fuhr ich in einem Taxi. An der Rücklehne des Beifahrersitzes waren die Leitwerte des Taxiunternehmens, der Hinweis «Heute fährt für Sie» und die Telefonnummer für Beschwerden aufgeführt. Das ist exzellenter Service an einem Ort, an dem man es nicht erwartet.

Stammkunden individuell behandeln

Den Stammkunden muss neben der Basisqualität bei jedem Besuch aufs Neue bewiesen werden, dass sie beim richtigen Anbieter sind. Dazu muss der Stammkunde auch merken, dass er anders behandelt wird als der Erstkunde. Für diesen Zweck wird von vielen Unternehmen heute eine gut ausgebaute Kundenkartei eingesetzt. Geburtstag, Hobbys, Wunschzimmer und Foto gehören selbstverständlich dazu. Aber richtig interessant wird es für uns erst, wenn viele kleine Details, die Vorlieben und Gewohnheiten eines Gastes hinzukommen: Dass der Stammgast auf jeden Fall einen großen TV-Apparat auf dem Zimmer wünscht, dass er gerne Milchschnitten in den Kaffeepausen isst, ob er normalen Kaffee lieber in einem Becher als in einer Tasse serviert bekommt, mit welcher Person aus seinem Unternehmen die organisatorischen Dinge abzuklären sind usw.

Das ist der Stoff, aus dem ein höchst angenehmer Aufenthalt werden kann. Mitarbeiter können im Dialog mit dem Kunden dieses Wissen einbringen. Auch hier gibt es wiederum ein Zuwenig und ein Zuviel. Kunden dürfen nicht den Eindruck bekommen, dass solche Aufmerksamkeiten aus der Kundenkartei und nicht aus der Freude der Mitarbeiter kommen. Dann durchschauen sie die Abläufe und der Zauber geht verloren.

Die Einstimmung auf einen Gast beginnt bei uns schon vor seiner Ankunft. Die Mitarbeiterin checkt am Tag vor der Ankunft die Kundenkartei und veranlasst, dass auf dem Zimmer, im Tagungsraum oder im Restaurant eventuelle Vorlieben berücksichtigt werden. Wir verlangen von unserer Crew auch, dass diese Kundenkartei ständig ergänzt wird. Das hält die Mitarbeiter auch beim zehnten Besuch eines Kunden wachsam.

Das Führen der Kundengeschichte und der Kundenkartei ist aber nur eine Form der individuellen Betreuung unserer Stammkunden. Wir führen jedes Jahr auch unsere Stammkunden-Befragungen durch. Teamleader und Azubis befragen monatlich ausgewählte Stammgäste. In persönlichen Gesprächen wird die Zufriedenheit mit unseren Leistungen und unseren Sahnehauben erfragt. In diesen Gesprächen fragen wir zusätzlich das Preis-Leistungs-Verhältnis, unser Beschwerdemanagement, unsere Innovationskraft und die Qualität der Dienstleistungen aller einzelnen Leistungsbereiche ab. Die Auswertung jedes Gesprächs fließt in die jeweilige Kundenkartei ein. So wissen wir bei einem nächsten Aufenthalt, wo wir uns besondere Mühe geben müssen.

Wiedergutmachung nach Maß

Aus einer bekannten Untersuchung einer Airline geht hervor, dass ein Drittel der Fluggäste während eines Fluges in irgendeiner Angelegenheit nicht zufrieden war. Aber 69 Prozent dieser unzufriedenen Passagiere reichten keine Beschwerde ein, sondern ließen die Angelegenheit auf sich beruhen. 23 Prozent der unzufriedenen Passagiere sprachen einen Mitarbeiter aus dem Unternehmen an und nur 8 Prozent reichten schließlich eine Beschwerde ein. So oder ähnlich reagieren Kunden in vielen Branchen.

Das ist Grund genug, sich mit Beschwerden intensiv zu beschäftigen. Denn zuerst bleiben die Beschwerden aus, dann die Kunden. Immer mehr ISO-zertifizierte Unternehmen haben in ihren Qualitäts-Handbüchern ein Vorgehen zum Einholen von Kunden-Feedback und zum Umgang mit Beschwerden festgelegt. Konsumenten und Kunden werden immer häufiger von den Anbietern befragt.

Denn zuerst bleiben die Beschwerden aus, dann die Kunden.

Auch wir haben in einer Verfahrensbeschreibung das Vorgehen bei Kundenbeschwerden festgelegt. Wir schulen und trainieren dieses Vorgehen in all unseren Abteilungen. Wir hatten schon vor Jahren eine Vielzahl an Möglichkeiten (vom Entschuldigungsschreiben über die Übergabe einer kleinen Aufmerksamkeit bis zum persönlichen Gespräch mit Entschuldigung) eingeführt. Und wir hatten standardisierte Briefe, die wir jeweils auf den besonderen Vorfall anpassten.

Je mehr wir uns aber darum kümmerten, ob es uns gelungen war, Kunden wirklich wieder zu besänftigen, desto mehr merkten wir, dass unser Vorgehen bisher zu schematisch war. Kunden reagierten sehr unterschiedlich auf unsere Art, ihre Beschwerden zu behandeln. Wir begannen Kunden, die sich beschwerten, je nach Beschwerdetyp individueller zu behandeln. Denn nicht jeder Kunde, der sich beschwert, hat die gleichen Beweggründe. Eine bekannte Segmentierung nach den folgenden Typen war für uns sehr hilfreich:

- «Qualitätskontrolleure» (20 bis 30 Prozent aller Kunden, die sich beschweren), möchten mitteilen, was schief gelaufen ist,

damit dasselbe beim nächsten Besuch nicht noch einmal passiert.
- «Hinterfrager» (20 bis 25 Prozent) sind wirklich interessiert an dem, was vorgefallen ist.
- «Verhandler» (30 bis 40 Prozent) suchen für das, was ihnen zugestoßen ist, eine Entschädigung.
- «Opfer» (10 bis 20 Prozent) suchen in erster Linie Bestätigung und Anteilnahme.
- «Fans» (10 bis 20 Prozent) möchten, dass ihre Anregungen und ihr Lob unter allen Mitarbeitern zirkulieren. Sie wären gerne Mitglied in einem Fanklub.

Je nachdem, wie wir einen Kunden einschätzen, variieren wir auch unseren Umgang mit seiner Beschwerde. **Aber grundsätzlich ist jede Beschwerde ein Geschenk zum Wiedergutmachen und Besserwerden.**

Erste Schritte aus diesem Kapitel:
- Überprüfen Sie, an welchen Punkten in Ihrer Servicekette die Basisqualität noch nicht stimmt! Schaffen Sie diese «Neins» für Ihre Kunden möglichst schnell aus der Welt!
- Gehen Sie mit Mitarbeitern ihre eigenen Serviceabläufe durch und suchen Sie nach Punkten, die aus der Innensicht logisch und verständlich gestaltet, aber für die Kunden nicht angenehm oder bequem sind!
- Legen Sie für den Serviceablauf fest, welche Grundstimmung, welche Atmosphäre die Kunden erleben sollen!
- Wenn bei Ihnen teure Anschaffungen oder Umbauten anstehen: Treffen Sie früh die Grundsatzentscheidung, ob Sie nur das Minimum investieren wollen oder ob die Anschaffung ein Höhepunkt im Serviceerlebnis werden soll!
- Nehmen Sie sich einzelne Bereiche vor, in denen Sie mit Ihren Mitarbeitern an den kleinen «Jas» und «Ohos» arbeiten!

- Verbessern Sie Ihr Beschwerdemanagement, indem Sie verschiedene Beschwerdetypen berücksichtigen und bei Ihren unzufriedenen Kunden noch individuelle Wiedergutmachung leisten!

6. Das Glänzen in den Augen der Mitarbeiter

Begeisterung und Hingabe wecken

Nach einer aktuellen Gallup-Studie sind 12 Prozent der Arbeitnehmer in Deutschland hoch motiviert und engagiert bei der Arbeit. 70 Prozent machen nur Dienst nach Vorschrift und 18 Prozent haben innerlich bereits gekündigt. Die meisten geben also nicht mehr Energie in die Arbeit als nötig. Keine Leidenschaft, sondern Asthma. Wenn Sie aber heute auf einer Internet-Suchmaschine «Motivation» eingeben, kommen ungefähr 900 000 Einträge zum Thema. Wenn Sie bei einer Online-Buchhandlung deutsche Bücher mit «Motivation» im Titel eingeben, bekommen Sie über 1100 Bücher aufgelistet. Es wird offenbar mehr geschrieben als umgesetzt.

Es wird offenbar mehr geschrieben als umgesetzt.

Mit unserem Schindlerhof wollen wir uns nicht einfach mit anderen Seminarhotels vergleichen. Wir sind eine Kaderschmiede für hochtalentierte Führungskräfte. Wir wollen, dass unsere Leute den Sprung in die Selbstständigkeit schaffen. Bei uns erträgt es keine Mitarbeiter, die eine freizeitorientierte Schonhaltung haben und sich hinter Tarifverträgen verstecken.

Freizeitähnliche Arbeit bei höchsten Entscheidungsspielräumen in einem Team, das sich freundschaftlich verbunden ist.

Bei uns im Schindlerhof haben wir keine abgeschriebenen Leitbilder, sondern tiefe Überzeugungen. «Freizeitähnliche Arbeit bei höchsten Entscheidungsspielräumen in einem Team, das sich freundschaftlich verbunden ist», heißt unsere Vision von Arbeiten im Schindlerhof. Freizeitähnliche Arbeit heißt bei uns nicht Friede, Freude, Eierkuchen, sondern: Es ist eine Freude zu arbeiten.

In einem Workshop ließen wir unsere Mitarbeiter aufschreiben, wie sie denn geführt werden wollen. Daraus sind unsere Führungsgrundsätze entstanden. Zwei, drei dieser Grundsätze sind Wunschdenken. Aber wir schauen immer wieder an die Wand. Leben wir das, was wir uns vorgenommen haben?

1. Wir sind begeisterungsfähig mit Lust auf Leistung.
2. Wir zeigen Herzlichkeit aus innerer Überzeugung und pflegen einen liebevollen Umgang mit internen und externen Kunden.
3. Wir arbeiten mit klaren und für alle Beteiligten verständlichen Zielen.
4. Wir akzeptieren den anderen und dessen Arbeitsweise (dies bedeutet Respekt ohne Hierarchie) im Rahmen unseres Wertesystems und unserer Ziele.
5. Wir erbringen eine überdurchschnittliche, professionelle Leistung, gefördert durch berufliche und persönliche Weiterbildung.
6. Wir haben die Fähigkeit zu Innovation und engagieren uns mit Lust und Freude bei Veränderungen und laufenden Verbesserungen.
7. Wir fördern mit Selbstdisziplin eine Verantwortungsbalance zwischen den Führungskräften, zwischen Führung und Mitarbeitern und den Mitarbeitern untereinander.
8. Wir gehen förderlich mit konstruktiver Kritik um. Dies zeigen wir durch Kritikbereitschaft und Kritikfähigkeit.
9. Wir gestalten unser Miteinander und Füreinander klar und konsequent, offen und ehrlich.

Unsere jungen, hungrigen Mitarbeiter sind wach. Wenn wir schreiben: «Wir pflegen einen liebevollen Umgang mit internen und externen Kunden», dann bekommen Führungskräfte, die zu viel poltern, natürlich den Spiegel vorgehalten, weil so etwas nicht gerade liebevollem Umgang mit internen Kunden entspricht.

Vier von fünf Führungskräften sind nach der Erfahrung des bekannten Managementtrainers Reinhart Sprenger nicht in der Lage, den Job zu machen, für den sie bezahlt werden: ==Rahmenbedingungen für hohe Mitarbeiterleistung zu schaffen.== Damit wir bei uns unsere Vision von freizeitähnlicher Arbeit mit höchster Professionalität verbinden können, brauchen unsere Führungskräfte ein weit überdurchschnittliches Maß an Hingabe und Begeisterung für ihre Arbeit.

Mitarbeiter werden durch ihren Job entweder herausgefordert oder überfordert.

==Begeisterung und Leidenschaft beginnen bei der Führungskraft. Ich kann nur andere begeistern, wenn ich selber begeistert und überzeugt bin: Ja, ich bin hier genau am richtigen Platz und werde meine Mitarbeiter mit meiner Freude und Begeisterung mitziehen.== Führungskräfte brauchen dazu auch den Blick in den Spiegel. Dazu lassen wir die neuen Führungskräfte eine Übung machen, in der sie Sätze ergänzen müssen: «Mein besonderes Talent ist ... Egal, was passiert, ich war immer fähig... Es ist ein Glück für mich, dass ich eine Person bin, die ...»

Und natürlich gehört auch die Auseinandersetzung mit den eigenen Schattenseiten dazu: «Wenn ich nur loskommen könnte von ... Es ist mir immer schwer gefallen ... Mein Leben würde einfacher werden, wenn ...» Wir wollen, dass sich die Führungskräfte über die Quelle ihrer Begeisterung klar werden.

Wenn ich mit Bewerbern über eine Führungsposition spreche, dann bin ich höchst aufmerksam, das ==Glänzen in den Augen== des Mitarbeiters zu erkennen. Und dieses Glänzen haben wir sel-

> **Mitarbeiter werden durch ihren Job entweder herausgefordert oder überfordert.**

ber vor Augen, wenn wir daran arbeiten, wie wir über die Suche, die Einstellung, die Einführung und die Weiterentwicklung der Mitarbeiter unserer Vision von Arbeit näher kommen können.

Wenn wir von unseren Mitarbeitern Begeisterung und Hingabe fordern, müssen wir Ihnen eine Gegenleistung bieten. Bei uns heißt es nicht, Begeisterung gegen Lohn, sondern Begeisterung und Weiterentwicklung. Was steigert meinen Wert auf dem Arbeitsmarkt? Wer mir hilft, dem helfe ich auch.

Mitarbeiter wollen bei der Arbeit für sich als Person dazugewinnen. Der Amerikaner Tom Peters meint, dass es kein Unternehmen gebe, das sich angemessen um externe Kunden kümmere und gleichzeitig interne Kunden ausnutze. Kundenorientierung beginnt innerhalb des Unternehmens.

Das Team zusammenstellen

Kundenerlebnis entsteht durch die richtige Aufführung eines Servicestücks. Es gilt, die richtige Besetzung für die Rollen auf unserer Bühne zu finden. Unsere Grundsätze sagen uns, worauf wir bei neuen Mitarbeitern für unser Ensemble achten müssen: begeisterungsfähig, Lust auf Leistung, Herzlichkeit aus innerer Überzeugung, Respekt ohne Hierarchie, überdurchschnittlich professionelle Leistung.

Mitarbeiter in unserer Branche zu halten, ist nicht ganz einfach. Eine gewisse Fluktuation ist vorprogrammiert. Die Kunst ist es, einen optimalen Mitarbeiter-Mix zwischen Routine- und frischen Kräften im «Ensemble» zu haben. Egal wie lange Mitarbeiter dabei sind: Gute können noch bessere Mitarbeiter werden. Sehr gute Mitarbeiter können großartige werden. Uns hilft, dass wir in den letzten Jahren ein immer attraktiveres Unternehmen auf dem Mitarbeitermarkt geworden

Gute können noch bessere Mitarbeiter werden. Sehr gute Mitarbeiter können großartige werden.

sind. Zu uns kommen nur noch Talente, das ist unsere Belohnung für die jahrelange Aufbauarbeit. Im Laufe der Jahre haben wir ein besseres Gespür dafür entwickelt, welches die kritischen Faktoren sind, die zwischen einem guten Darsteller und der Idealbesetzung liegen. Großartige Servicedarsteller zeichnen sich nach unserer Erfahrung durch drei Fähigkeiten aus:

- Sie sind in der Lage, in der oft kurzen Zeit des Gästekontakts eine lebendige Beziehung herzustellen. Das bedingt emotionale Kompetenz, zu der vor allem Einfühlungsvermögen, unvoreingenommene Zuwendung zum Kunden und Geschick, überzeugende Botschaften aussenden und die Stimmung im Kundenkontakt beeinflussen zu können, gehören.
- Sie sind belastbar, denn Stress ist der größte Serviceblocker. Wie gut können Mitarbeiter unter Stress einen kühlen Kopf bewahren, wie leicht fällt es ihnen, freundlich und gelassen zu bleiben?
- Sie können flexibel auf Umbesetzungen und Veränderungen der Situation reagieren, ohne ihre Natürlichkeit und Kompetenz zu verlieren.

Ein neuer Mitarbeiter muss bei uns diese Fähigkeiten in einem hohen Maße mitbringen. Wenn sie nicht vorhanden sind, werden auch im Alltag Förderung und Schulung schnell an Grenzen stoßen. Bei anderen Fähigkeiten wissen wir, dass die Neuen sie in unserem Hochleistungsteam auch nachher noch erwerben können.

Für die eigentliche Bewerbung haben wir ein Verfahren mit sieben Einstellungsfiltern entwickelt. Nach dem Eingang einer Bewerbung stellt sich der Schindlerhof vor. Dazu gehört die Entwicklungsgeschichte unseres Hotels, die Spielkultur und die Unternehmenspolitik, die Umsatzziele, die Umsatzziele pro Mitarbeiter, das aktuelle Organigramm, die Mitarbeiterbroschüre, aktuelle Presseberichte über unser Haus und der persönliche Einladungsbrief des Teamleaders.

Der Bewerber wird ausdrücklich aufgefordert, sich mit der Unternehmenspolitik, den Werten und den Unternehmenszielen des Schindlerhofs intensiv auseinander zu setzen und sich zu entscheiden, ob sich seine persönlichen Werte und Ziele mit denjenigen des Schindlerhof vereinbaren lassen. Kommt der Bewerber dann zum Vorstellungsgespräch, wird er gebeten, eine ausführliche Partneranalyse auszufüllen. Neben vielen Fragen legen wir besonderes Gewicht darauf, welche Erwartungen der Bewerber an den Schindlerhof hat und welchen Nutzen der Bewerber dem Schindlerhof bieten kann.

Im nächsten Schritt erfolgt ein strukturiertes, ausführliches Einstellungsgespräch, in dem unser Anforderungsprofil mit der Partneranalyse verglichen wird. Bei der Einstellung von Führungskräften kann zusätzlich ein graphologisches Gutachten erstellt werden.

Falls der Bewerber und wir dann immer noch zueinander passen, wird der Termin für das zweitägige Probearbeiten vereinbart. Durchläuft der Bewerber auch diese Filter erfolgreich, erhält er seinen Arbeitsvertrag, den aktuellen Jahreszielplan, das Teamkonzept und das Weiterbildungsprogramm unserer hauseigenen Schindlerhof-Akademie. Willkommen in unserem Team.

Für unsere neuen Teammitglieder veranstalten wir immer eine Gettogether-Party. Alle Mitarbeiter bekommen einen Stadtplan, den Kneipenführer durch die Szenenlokale der Stadt, einen Gutschein über Frisurberatung einschließlich des Haarschnitts bei einem Modefriseur, einen Gutschein für ein traditionelles Nürnberger Bratwurstessen und einen Blumenstrauß. Es ist, wie in anderen Betrieben auch, bei uns ein gut bewährter Brauch, dass den neuen Mitarbeitern in den ersten Monaten ein Pate zur Verfügung steht. Diese alten Hasen sind Ansprechpartner für alle Fragen, die bei den Neuen in der ersten Zeit aufkommen.

In allen Abteilungen haben wir natürlich fest strukturierte Einführungsprogramme, in denen von der Begrüßungszeremonie am ersten Tag bis zum Erwerb der einzelnen fachlichen Kompetenzen während der Probezeit alles geregelt wird. Nach der Probezeit fragen wir unsere Mitarbeiter, wie es ihnen in den ersten Monaten bei uns ergangen ist. Besonders interessiert uns, was die Mitarbeiter positiv überrascht hat und was sie nicht so gut fanden. Wir möchten aber auch wissen, welche Punkte bei der letzten Arbeitsstelle im Vergleich mit uns besonders gut liefen und ob deshalb diese Punkte bei uns als Verbesserungen geprüft werden müssen.

Bei uns gibt es keine Kompromisse bei der Besetzung unseres Ensembles.

Für uns ist es schon in den ersten Wochen wichtig zu spüren, dass der Mitarbeiter seine Rolle so spielt, dass er wirklich hineinpasst und sein Talent einbringen kann und will. Mitarbeiter, die weder wollen noch können, müssen bei uns schnell wieder gehen. Wollen sie wirklich lernen? Wollen sie sich wirklich um die Kunden kümmern? Helfen Sie ihnen sonst, einen Job bei der Konkurrenz zu finden, je schneller, desto besser. Bei uns gibt es keine Kompromisse bei der Besetzung unseres Ensembles. Davon hängt der Erfolg der gesamten Aufführung ab.

Das Positive bei den Mitarbeitern sehen.

Im dritten Kapitel dieses Buches (Seite 36f.), wo wir die einzelnen TUNE-Faktoren erläuterten, haben wir gezeigt, dass das Gelingen von guten Momenten zwischen Kunde und Mitarbeiter ein äußerst sensibler und wichtiger Augenblick ist. Wenn Mitarbeiter in diesen Momenten nicht die Sicherheit haben, dass sie von ihrem Teamleader unterstützt werden, dann wird ein großer Teil dieser Momente nicht gut ablaufen. Es ist wie im Sport: Wenn der Trainer nicht an einen Spieler glaubt, kann dieser nicht seine Bestform abrufen.

Die Mitarbeiter bekommen das nonverbal mit. Und sie spüren es, in welchen Momenten sich die Führungskraft um sie kümmert. Früher war ich stolz darauf, dass ich immer dazu kam, wenn etwas schief lief. Ich war immer dann im intensivsten Kontakt mit den Mitarbeitern, wenn sie gerade eine Formschwäche zeigten. Ich merkte dann, dass ich eine positive Einstellung predigte, sie aber zu oft nicht vorlebte. Zynische Chefs sagen in solchen Situationen: «Die Menschen sind o.k., nur ihr Verhalten ist ein Problem.»

Unseren Führungsgrundsatz, Herzlichkeit aus innerer Überzeugung und liebevollen Umgang zu pflegen, lebte ich viel zu wenig. Behandle die Menschen, wie sie sind, und sie werden sich schlechter verhalten, als sie sind. Behandle sie, wie sie sein könnten, und sie werden sich besser verhalten, als sie es im Normalfall tun. Heute versuche ich die Mitarbeiter zu erleben, wenn sie ihre Höchstform erreichen. Anders als früher heißt es heute: Erwische den Mitarbeiter, wenn er es gut macht.

Wir müssen unseren Mitarbeitern um jeden Preis ermöglichen, dass sie ein positives Bild von ihrer Person und der Rolle in unserer Aufführung haben. Sie müssen sicher sein. Kein Mitarbeiter, der zu sehr mit sich selbst und seiner Situation beschäftigt ist, kann sich gleichzeitig auf den Gast oder sein Gegenüber einstellen. Mit Kommunikations- und Verkaufstraining können die Mitarbeiter zwar bestimmte professionelle Verhaltensweisen erlernen, aber sie werden immer etwas aufgesetzt wirken und nicht ein natürliches Wohlbefinden schaffen.

Menschen brauchen im Unternehmen das Gefühl, dass sie dazugehören, dass sie wichtig sind und dass es auf das, was sie tun, denken und sagen, wirklich ankommt. Dieses positive Gefühl müssen wir Ihnen als Führungskräfte geben. Klar, wir müssen die Gefahren von allzu viel positivem Denken im Auge behalten. Wenn Ziele weit verfehlt werden, wenn sich im Nachhinein herausstellt, dass man Gefahren nicht richtig erkannt hat – dann schwindet das Vertrauen in die Kraft des positiven Denkens.

> **Behandle die Menschen, wie sie sind, und sie werden sich schlechter verhalten, als sie sind. Behandle sie, wie sie sein könnten, und sie werden sich besser verhalten.**

Touched by the spirit – Unterstützt durch sichere Abläufe

Wir brauchen ein gutes Augenmaß für die Realitäten und dann darin aber vor allem die Kraft, das Positive zu verstärken.

Wer einmal über glühende Kohle laufen wollte und sich dabei die Füsse verbrannt hat, der wird gegenüber positivem Wunschdenken vorsichtiger werden.

Wir brauchen ein gutes Augenmaß für die Realitäten und dabei vor allem die Kraft, das Positive zu verstärken. So sind wir bei uns erst seit vier Jahren dazu übergegangen, auch positives Feedback unserer Kunden zu dokumentieren. Sie werden segmentiert nach Aussagen über den Gesamtbetrieb, über die Herzlichkeit der Mitarbeiter, über die einzelnen Mitarbeiter, über das Ambiente und über das Produkt- bzw. die Dienstleistungsqualität.

Seitdem wir diese Auswertung so vornehmen, haben unsere Mitarbeiter deutlich mehr Sicherheit, wie unsere Stärken von Kunden wahrgenommen werden und welche Schwächen überwunden werden müssen. Mit positiven Kunden-Feedbacks haben auch unsere Führungskräfte immer klare Nachweise über den Erfolg von neuen Projekten und Dienstleistungen. Wenn von den Kunden nicht ungefragt positive Rückmeldungen kommen, dann sind diese Neuerungen für die Kunden offensichtlich zu wenig eindrücklich.

Für eine gute Stimmung im Team müssen wir Erfolgserlebnisse generieren und das Team nicht nur an Grenzen stoßen lassen.

Für eine gute Stimmung im Team müssen wir Erfolgserlebnisse generieren und das Team nicht nur an Grenzen stoßen lassen. In unserem Hotel belasten wir Mitarbeiter und Führungskräfte. Wir entlasten sie aber auch, damit sie ihre Stärken ausleben können. Eine Führungskraft, deren Hauptaufgabe es ist, Gastgeber zu sein, ist nicht besonders stark im umsichtigen Organisieren. Wieso sollen wir ständig über diese Defizite sprechen? Können wir der Führungskraft nicht gewisse Dinge abnehmen und einer Mitarbeiterin aus dem Mitarbeiter-Team übergeben? Beim Fördern der Stärken sind wir viel beweglicher und kreativer geworden.

Alle Mitarbeiter sollen bei der Arbeit Lebensfreude ausstrahlen können. Denn Lebensfreude selbst setzt so viel Energie frei, dass die Menschen um uns herum angesteckt werden. Wir müssen das Positive sehen, anerkennen und fördern. Verheizte Menschen geben keine Wärme. Dazu gehört auch Humor, die Fähigkeit, Dinge nicht nur verbissen zu sehen. «Was war den dein größter Bock, den du in diesem Monat geschossen hast?» Unsere Darsteller brauchen ein Klima der Unterstützung.

Schulung à la carte

Die richtigen Leute auswählen, ist einer der kritischen Erfolgsfaktoren für erfolgreiche serviceorientierte Organisationen. Aber die Mitarbeiter müssen auch weiterentwickelt und geschult werden. In einer Umfrage wurden Gastronomen in der gehobenen Speisegastronomie und Hoteliers gefragt, welche Instrumente sie mit welcher Bedeutung einsetzen, damit die Mitarbeiter in ihrem Unternehmen das Beste geben.

Die beiden Instrumente Interne Schulungen und Zielvereinbarungen wurden dabei mit Abstand am meisten genannt. Geschenke und kleine Aufmerksamkeiten, externe Seminare, gemeinsame Aktivitäten, Lohnanreize und Erfolgsprämien sowie Erweiterungen im Aufgabenbereich der Mitarbeiter spielten dagegen eine weit weniger wichtige Rolle.

Die Umfrage zeigte auch, dass 40 Prozent der Betriebe ihre Schulungsaktivitäten nicht mehr als sechs Monate im Voraus planen und weitere 20 Prozent der Unternehmen (von denen alle weniger als 100 Mitarbeiter beschäftigten) es ihren einzelnen Bereichen überlassen, welche Themen geschult werden. Wenn interne Schulungen eines der wichtigsten Mittel sind, um das Beste aus den Mitarbeitern herauszuholen, dann braucht es eine sorgfältige Konzeption und vorausschauende Planung.

Viele Organisationen wissen zwar, dass ihre Mitarbeiterfluktuation zu hoch ist. Viele dieser Organisationen haben für ihre neuen Mitarbeiter Einführungsprogramme. Die Mitarbeiter aber nachher weiter zu schulen, kommt ihnen nicht in den Sinn. Die Führungskräfte geben in der Regel zu bedenken, dass die Mitarbeiter ja bald schon wieder weg sein werden. Eine solche Haltung kann man sich nur leisten, wenn man zu viele Kunden und ein zu hohes Budget für Neukundengewinnung hat.

Bei uns geht die hauseigene Schindlerhof-Akademie in ihr viertes Jahr. Den Teammitgliedern standen im Jahr 2003 sechsundzwanzig verschiedene Themen an vierzig Terminen zur Verfügung. Die Schulungen sind für alle Mitarbeiter unentgeltlich. Die Mitarbeiter besuchen die Kurse hingegen in ihrer Freizeit. 391 Schulungseinheiten wurden vom Team in Anspruch genommen. Dies entspricht sechs Weiterbildungstagen pro Teammitglied und Jahr. Damit gehören wir in unserer Branche zu den Spitzenreitern. Aus der oben erwähnten Umfrage ging hervor, dass 35 Prozent aller Betriebe in der Hotellerie und Gastronomie ihren Mitarbeitern pro Jahr nicht mehr als einen Weiterbildungstag zukommen lassen. Wundern Sie sich immer noch über die Servicewüste Deutschland?

Jedes Jahr wird das Schulungsprogramm genauso wie unsere Speisekarte überprüft. Renner, also Schulungen, die häufig besucht werden, und Klassiker, die zentrales Anliegen unserer Familie sind, bleiben auf dem Programm. Neue Schulungen werden aufgenommen. Die Anregungen dazu kommen einerseits aus den Verbesserungsvorschlägen der Mitarbeiter und andererseits aus der Auswertung der Kunden-Feedbacks. Neue Schulungsthemen kommen aber auch jeweils aus dem aktuellen Jahreszielplan-Workshop. Dort wird geprüft, welche zukunftsweisenden Themen neu in das Schulungsprogramm müssen.

Schulung beginnt bei uns bereits bei der Einführung der Mitarbeiter. Wenn Sie wollen, dass sie von Beginn weg hellwach Serviceabläufe mitbekommen, dann können Sie sie nicht mit einem Berg von Organisations-Handbüchern in einen Raum setzen und nach einem halben Tag ins kalte Wasser werfen. Intuitiv spüren die Mitarbeiter, dass die Führungskräfte keine Zeit haben, um sich um sie zu kümmern.

In den Spielregeln der Schindlerhof-Akademie haben wir das Pflichtprogramm definiert, das alle Mitarbeiter im ersten Schindlerhof-Jahr zu absolvieren haben. Dazu gehören die Schulung «DenkWeise Schindlerhof», in der unsere Broschüre «Spielkultur», der Umgang mit dem Organisations-Handbuch, die Kernprozesse unseres Unternehmens und das Management-Modell der European Foundation for Quality Management (EFQM) vorgestellt werden. Unsere Qualitätsbeauftragte vermittelt dieses Wissen und steht nachher zu diesen Themen immer zur Verfügung. Zum Pflichtprogramm gehört auch unser internes TUNE-Seminar (siehe Kapitel 4, Seite 90). Hier führen wir die Mitarbeiter in unseren Ansatz, Servicemanagement zu steuern, ein.

Neben dem Pflichtprogramm können die Mitarbeiter aus einer Vielzahl von verschiedenen Angeboten auswählen. Jeder kann seine persönliche Weiterbildung selber gestalten. Die einzige Vorgabe besteht darin, dass Schulungen, die im Orientierungsgespräch mit dem Teamleader vereinbart wurden, natürlich auch besucht werden müssen. Das bedeutet in unserer Schindlerhof-Akademie Schulung à la carte.

Wir führen Stressseminare für alle Mitarbeiter durch, denn hart erarbeitetes Verhalten geht unter Stress im Nu verloren. Wir lehren unsere Mitarbeiter, durch den Einsatz von Qi Gong besser mit solchen Situationen umzugehen. Alle Teammitglieder können auch mit unserem Hausarchitekten ein Seminar über Goethes Farbenlehre, Feng Shui usw. besuchen.

Es gehört aber ebenfalls zu unserem Programm, dass ich persönlich ein Seminar über

Bei uns soll jeder Mitarbeiter etwas von Cashflow, Auslastung, Wareneinsatz usw. verstehen.

Zahlen in der Hotellerie für alle Teammitglieder durchführe. Bei uns soll jeder Mitarbeiter etwas von Cashflow, Auslastung, Wareneinsatz usw. verstehen. Seit die wirtschaftlich schwierige Situation das Tagesgeschäft beeinflusst, führt unsere Qualitätsbeauftragte regelmäßig Seminare für alle über Kostenmanagement durch.

Frisurentrends und Frisuren-Typberatung sind vor allem für Mitarbeiter mit Gastkontakt gedacht. Daneben gibt es auch bei uns die klassische Produktschulung, in der Produzenten und Lieferanten unsere Mitarbeiter über ihre Produkte informieren. Teamleader und ihre Stellvertreter besuchen mein offenes Führungsseminar «Unternehmensenergie». Dazu kommen Kurse in Rhetorik und Verkauf und weitere Themen.

Natürlich profitieren wir davon, dass in unserem Tagungshotel viele erfolgreiche Trainer zu Gast sind und dank der langjährigen Zusammenarbeit deren Angebote teilweise auch für unsere Führungskräfte genutzt werden können.

Sich selber gut fühlen, ist eine der wichtigsten Voraussetzungen für exzellenten Service. Nur dann kann der Mitarbeiter sein Bestes geben. Jeder Mitarbeiter hat bei uns die Verantwortung, selber zu sich zu schauen und seine Weiterbildungsbedürfnisse zu definieren. Wir stellen ihm das Angebot zur Verfügung, aus dem er auswählen kann. Diese Freiräume feuern unsere Mitarbeiter an.

Teambesprechungen mit Energie

Im Kapitel vier zeigten wir, wie wir in unseren Schlussbesprechungen jeweils Rückschau auf den Tag und auf das Zusammenspiel der TUNE-Faktoren halten. Genauso wichtig wie die Rückschau ist aber auch die Einstimmung auf den Tag. Unsere Mitarbeiter treffen sich zehn Minuten vor Arbeitsbeginn, um sich auf die kommenden Aufgaben zu konzentrieren. Bei zwei Schichten und 365 Öffnungstagen sind das mehr als 700 kurze Besprechungen im Jahr, in denen wir darüber sprechen, worauf wir bei der Aufführung besonders achten müssen.

Teambesprechungen sind in allen Servicebranchen eines der wichtigsten Führungsinstrumente, bevor die «Aufführung» losgeht. Aber diese Besprechungen laufen in vielen Unternehmen häufig nach einem zu wenig durchdachten Ablauf ab. Je nachdem, wie gut diese paar Minuten gelingen, wird die entscheidende Grundstimmung bei den Mitarbeitern zum Klingen gebracht – im guten wie im schlechten Sinne. Konnten sie sich das letzte Mal entspannen und schlendern zum Dienstbeginn? Oder haben sie Energie aufgebaut und freuen sich, dass die Aufführung losgeht?

Alle kennen Teambesprechungen, in denen schlappe Stimmung herrscht. Der Teamleader ist nicht gut vorbereitet, man muss warten, bis alle da sind, die Küchenmitarbeiter laufen oft weg, immer werden die gleichen langweiligen Punkte vom Teamleader vorgetragen. Ergebnis: Teambesprechungen dauern viel zu lange, die Stimmung ist mittel, das Team läuft ohne Energie aus dem Meeting.

Im Sport spürt der Trainer bei Mannschaftsbesprechungen sofort, wer wie heiß auf das kommende Spiel ist. In der kurzen Zeit vor dem Spiel kann er keine allzu komplizierten Anweisungen mehr geben. Das muss schon lange vorher geschehen sein. Aber er kann nochmals das Bewusstsein auf die zwei bis drei wichtigsten Punkte lenken und er kann Stimmung aufbauen. Am Schluss der Besprechung weiß er, mit wie viel Energie sein Team in das Spiel steigt.

Teambesprechungen sind in allen Servicebranchen eines der wichtigsten Führungsinstrumente, bevor die «Aufführung» losgeht.

Wie machen wir's? Das Ziel für die Teambesprechung ist klar: Jeder Mitarbeiter ist über den Ablauf des Service und die wesentlichen Besonderheiten informiert. Bei uns versammeln sich vor Servicebeginn alle Mitarbeiter und Köche im Restaurant. Die Restaurantleitung bespricht folgende Punkte anhand des tagesaktuellen Reservierungsplans: Vor- bzw. Nachbelegungen, Anwesenheit von Stammgästen und ihre Besonderheiten, besondere Anlässe, Tagesempfehlungen inklusive Preis, zu Beginn einer Woche auch die Besonderheiten der Wochenkarte und des Gourmetmenus.

Der Küchenchef und der Chef de Service haben jeden Tag bis zehn Uhr die Tagesspezialität festgelegt. Alle Standardpunkte werden in kürzester Zeit behandelt. Es werden keine weiteren Punkte mehr besprochen, damit noch ein paar Minuten für Fragen und Antworten bleiben.

Andere Betriebe haben zusätzlich die Regel eingeführt, dass nach fünf Minuten der Wecker klingelt und jeder Mitarbeiter davonlaufen darf. Führen Sie auf jeden Fall immer eine Zeitbeschränkung ein. Das zwingt die Führungskräfte, sich auf das Wesentliche zu konzentrieren und damit mehr Energie in diesen wenigen Minuten ins Team hinzubringen.

Teamleader spielen voll mit

Sie können das richtige Team beieinander und Ihre Abläufe hervorragend definiert und mit vielen kleinen «Jas» und «Ohos» angereichert haben. Sie können die Mitarbeiter auch intensiv geschult haben. Die Voraussetzungen sind da, aber erst die Leistung während der Aufführung entscheidet, ob Kunden flaue, normale oder exzellente Serviceerlebnisse haben werden.

Während einer Aufführung können aber jedem Mitarbeiter zahlreiche kleine Fehler passieren. Mitarbeiter müssen dafür ein Bewusstsein entwickeln. Wenn jeder zehnte Kunde beim Betreten des Lokals nicht freundlich begrüßt wird, sind das bei 100

Kunden am Tag zehn unfreundlich begrüßte Kunden. Bei 300 Öffnungstagen im Jahr sind das 3000 kleine «Neins» für unsere Kunden. Unsere Mitarbeiter müssen also absolut präsent sein, sonst wird aus 3000 «Neins» leicht ein Vielfaches.

Gegenüber anderen Branchen weisen viele Dienstleistungsunternehmen eine ausgeprägte Besonderheit auf: Sie bieten häufig mit relativ unerfahrenen und nicht besonders gut entlöhnten Mitarbeitern hochsensible Dienstleistungen an. Bei uns arbeiten nun mal keine Spezialisten, die allein durch ihre jahrelange Ausbildung eine gemeinsame Sprache und ein gemeinsames Verständnis für unsere Serviceabläufe mitbringen.

In unserer Branche kommen unterschiedliche Menschen zusammen: Profis und Quereinsteiger, Azubis und gestandene Mütter, junge Talente, die mit ihrem Gastgeberberuf die Welt kennen lernen wollen, und Familienväter, die sich Sorgen um die Sicherheit ihres Arbeitsplatzes machen, junge Führungskräfte, die die Welt der Kunden aus ihrem eigenen Elternhaus kennen, und junge Mitarbeiter aus einem anderen Kulturkreis, für die unser Hotel selber ein unerreichbares Luxusprodukt darstellt. Und dieser farbige Mix von Menschen wechselt dazu noch sehr häufig den Job.

Eine der wichtigsten Konsequenzen: **Für die meisten zusammengewürfelten Serviceteams können Sie heutzutage immer weniger einen gemeinsamen Hintergrund, eine gemeinsame «Kinderstube», voraussetzen.** Die Spielregeln für den Umgang mit Kunden müssen zuerst bei allen Führungskräften verankert werden. Dann müssen sie den Mitarbeitern intensiv kommuniziert und im Alltag sensibel verfolgt und korrigiert werden.

Mitarbeiter müssen in unserer Branche darum auch anders geführt werden. Viele Rezepte aus Branchen mit höher qualifizierten Mitarbeitern funktionieren bei uns nicht. Sie kennen die

Chefs, die einfach die gewünschte Veränderung bekannt geben, die Vorteile der neuen Vorgehensweise betonen, anschließend ein paar Fragen beantworten und dann verschwinden – um dann plötzlich wieder auf der Matte zu stehen, wenn sich zu wenig tut oder es nicht so toll läuft. Dann sind sie mit offenen oder versteckten Drohungen und Sanktionen zur Stelle. So was funktioniert in unserem sensiblen Business nicht.

Nochmals: Aufrichtige Herzlichkeit und Servicebereitschaft in kleinsten Details und Verhaltensweisen kann man nicht verordnen. Führungskräfte können diese vorleben und die Mitarbeiter begleiten, immer besser zu werden. Dafür müssen die Führungskräfte aber während der Aufführung immer nahe bei den Mitarbeitern sein.

> **Erfolgreiche Teamleader haben viel häufigeren Kontakt mit ihren Teammitgliedern als die weniger erfolgreichen Kollegen.**

Mitarbeiter müssen vorbereitet und während der Aufführung geführt werden. Natürlich gibt es unterschiedliche Führungsstile, um dabei Erfolg zu haben. Vergleichende Untersuchungen aus verschiedenen Branchen zeigen aber, dass es vor allem eine Gemeinsamkeit gibt, die wirkungsvolle Führungskräfte von anderen unterscheidet: Erfolgreiche Teamleader haben viel häufigeren Kontakt mit ihren Teammitgliedern als die weniger erfolgreichen Kollegen. Sie führen häufiger sehr kurze Gesprächssequenzen mit ganz vielen Mitarbeitern in ihrem Team. Für einen Kontakt zwischen Teamleader und Mitarbeitern braucht es nicht immer ein Gespräch. Oft reichen bereits kleine Gesten oder allein schon der Blickkontakt, um während der Aufführung kleinste Details verbessern zu können.

Im Grunde genommen ist das – um in unserem TUNE-Gleichnis zu bleiben – wie die Aufführung großer Orchester zusammen mit einem erfahrenen Dirigenten: Der Dirigent muss nicht wie ein Wilder herumzappeln; manchmal reicht eine leichte Geste mit dem Stab oder ein intensiver Augen-Blick, und die Instrumentalisten wissen, was sie tun sollen.

Je unerfahrener Mitarbeiter sind, desto intensiver muss der Kontakt zum Teamleader sein. Ein guter Teamleader merkt, wann er dem Mitarbeiter während der Aufführung neue Anweisungen geben kann oder dessen Verhalten korrigieren muss oder wann er besser eine kurze Verschnaufpause abwarten sollte. Nach dem Führungsstil-Modell von Blanchard unterscheiden wir zwischen verschiedenen Mitarbeiter-Typen:
- motivierte, aber wenig kompetente Mitarbeiter,
- relativ unerfahrene Mitarbeiter mit einiger Kompetenz, aber häufig schwankendem Engagement,
- kompetente Mitarbeiter mit zu wenig Selbstvertrauen, zu wenig Motivation und
- kompetente und engagierte Mitarbeiter.

Wirkungsvolle Führung stellt sich ständig auf dieses unterschiedliche Wollen und Können der einzelnen Mitarbeiter ein.

Neben der individuellen Unterstützung jedes einzelnen Mitarbeiters müssen die Teamleader auch die besonderen Punkte aus der gemeinsamen Teambesprechung trainieren. Meist ist es dabei unmöglich, sich neben dem eigenen Mitwirken noch auf mehr als zwei, drei Punkte zu konzentrieren. Teamleadern ergeht es wie Fussballcoaches. Erst nach dem Spiel spüren sie die Anspannung der hohen Konzentration und der ständigen Kontakte mit Kunden und Mitarbeitern.

In unserem Hotel achten wir darauf, dass unsere Führungskräfte auch dann nah bei den Mitarbeitern sind, wenn sie selbst gerade einmal nicht im direkten Kundenkontakt stehen. Alle Führungskräfte müssen jederzeit erreichbar und ansprechbar sein. Persönliche Gespräche zwischen Führungskraft und Mitarbeiter werden zu 80 Prozent am selben Tag vereinbart und durchgeführt. Lange Voranmeldungen entsprechen nicht unserer schnellen, offenen Art. Auch an ihren freien Tagen sind Führungskräfte über Handy für ihre Mitarbeiter stets erreichbar.

Liebevolle Kritik

Freude, Freiheit, Harmonie sind unsere Leitwerte. Das bedingt volles Engagement jedes Mitarbeiters, dass er diese Werte auch wirklich lebt – und dass jeder Mitarbeiter dem anderen hilft, diese Werte zu leben. In unserem letzten Jahreszielplan haben wir uns auf die Fahne geschrieben, dass wir uns noch intensiver als bisher gegenseitig an unsere Vision erinnern wollen. Und dies kreuz und quer durch alle Hierarchieebenen.

> **H**ohe Leistung bedingt offenes Feedback und Kritik.

Hohe Leistung bedingt offenes Feedback und Kritik. In unseren Führungsgrundsätzen haben wir dazu festgeschrieben: «Wir akzeptieren den anderen und dessen Arbeitsweise» (dies bedeutet Respekt ohne Hierarchie), und: «Wir gehen förderlich mit konstruktiver Kritik um. Dies zeigen wir durch Kritikbereitschaft und Kritikfähigkeit.» So oder ähnlich steht es auch bei vielen anderen Unternehmen. Wir trainieren diese Fähigkeiten auch in unseren hausinternen Schulungen.

Aber der Knackpunkt bei uns sind die beiden Wörter «Kritikbereitschaft» und «Kritikfähigkeit». Sie stehen wohl auf dem Papier, aber sie werden im Alltag meist aus falscher Rücksichtnahme zu wenig gelebt. Kollegen schonen oder unter Zeitdruck einmal etwas nicht auf den Tisch legen, sind menschliche Verhaltensweisen, die wir alle gut verstehen. Toleranz heißt, die Fehler der anderen zu entschuldigen, Takt heißt, sie nicht zu bemerken. Diese Haltung bringt uns aber nicht weiter.

Zum Glück haben wir einen weiteren Führungsgrundsatz: «Wir zeigen Herzlichkeit aus innerer Überzeugung und pflegen einen liebevollen Umgang mit internen und externen Kunden.» Das gilt also auch für Kritik von und an Kollegen und Führungskräften. Liebevolle Kritik – das streben wir an. Und hier spüren wir mit unserem TUNE-Ansatz eine klare Verbesserung. Der größte Vorteil ist, dass wir viel klarer wissen, worauf wir im Alltag, im entscheidenden Kundenkontakt achten müssen – auf T, U, N und E.

Früher wurde darüber gestritten: Was ist falsch gelaufen? Wieso hast du das nicht gleich erledigt? Heute heißt es «Tolles Team, zu kleines U, arbeitet daran.» Es fällt uns leichter, Verhaltensweisen, die wir verbessern können, auch genau zu benennen. Wenn der Kellner im Restaurant vom Teamleader hört: «In deiner mündlichen Speiseempfehlung am Tisch neben dem Eingang war zu wenig E drin, die Begeisterung wirkte für mich etwas aufgesetzt. Wie haben die Gäste denn reagiert?», dann ist das gut gemeinte hilfreiche Kritik. Der Ton macht eben die Musik.

MAX – der Mitarbeiter-Aktien-Index

Jeder Mitarbeiter in unserem Unternehmen weiß, dass wir von ihm hohe Leistung bei hoher Selbstständigkeit erwarten. Wir wollen unseren Mitarbeitern auch die Möglichkeit geben, ihre ganz eigene Entwicklung in unserem Unternehmen beizusteuern und den Fortschritt oder auch den Stillstand vor Augen zu haben. Eine unserer wirkungsvollsten Innovationen dafür war unser MAX – der Mitarbeiter-Aktien-Index. Der Begriff «Aktie» ruft durchaus gewollt Assoziationen mit dem Finanzmarkt hervor. Wir wollten Weiterentwicklung auf spielerische, nicht verbissene Art und Weise dokumentieren.

Ähnlich wie bei einer Neuemission erhält jeder Mitarbeiter an seinem ersten Arbeitstag einen Aktiennennwert in Höhe von 1000 Pixel; ein späterer Kursverlauf wird monatlich neu errechnet und spiegelt dann den aktuellen Kurs des «Players», also unseres Teammitglieds. Wie an der Börse kann derr Kurs steigen oder fallen.

Dabei sind die möglichen Werteveränderungen bewusst sehr moderat gehalten, sodass man im schlimmsten Fall von seinem

Ausgabekurs von 1000 nach einem Jahr höchstens auf etwa 850 Pixel sinken kann. Im Idealfall können etwas mehr als 1200 Pixel erreicht werden. Es geht um spielerische Motivation, die für jeden Mitarbeiter gut erreichbar sein soll.

Wir haben für uns eine eigene Software entwickelt, die wir heute sogar anderen Unternehmen weiterverkaufen. Bei uns im Schindlerhof gehen folgende Kriterien in den Kursverlauf ein:

- aktive Arbeit mit einem Zeitplansystem (manuell oder handheld),
- Mitarbeit am kontinuierlichen Verbesserungsprozess, dem Vorschlagswesen,
- Teilnahme an Seminaren und Weiterbildungsaktivitäten,
- freiwillige Mitarbeit an Projekten (bei uns findet Projektarbeit grundsätzlich in der Freizeit statt),
- Abschreibung – jedem Teammitglied wird eine moderate Punktzahl abgezogen (wer sich nicht selber weiterentwickelt, sieht seinen Wert für das Unternehmen sinken),
- Krankheitstage (Krankenhausaufenthalte und Betriebsunfälle ausgenommen),
- Verstoß gegen die hausinternen Spielregeln, die jedem Teammitglied bestens bekannt sind,
- Raucher/Nichtraucher,
- körperliche Fitness – ausgedrückt durch den BMI, den Body Mass Index,
- Pünktlichkeit,
- Fehlerquote,
- Ergebnisse aus regelmäßigen Beurteilungsgesprächen,
- Betriebsjubiläen – hier gibt es Extrapixel, denn Erfahrung ist wertvoll,
- Pixelprämie bei Erreichung der individuellen vereinbarten Ziele.

Die monatliche Aktualisierung, die jeder Mitarbeiter selber vornimmt, erfordert lediglich rund fünf Minuten. Die Daten des Einzelnen werden nicht veröffentlicht. Nur der jeweilige Teamleader hat Zugang zu den Kurswerten seiner Teammitglieder, um die Werte entsprechend in den TIX, den «Team-Index» einfließen zu lassen.

==Teamgeist hat bei uns allerhöchste Priorität.== Deshalb trägt jedes Mitglied auch eine Mitverantwortung für den Kurswert seines Teams. Die Team-Kurswerte sind bei uns an allen Weißwandtafeln aufgehängt. Die Bereitschaft zur Weiterentwicklung in den Teams wird so auf spielerische Weise ständig Diskussionsthema in unserem Unternehmen.

Die Summe der Werte der einzelnen Mitarbeiteraktien fließen schlussendlich in einem Aktien-Pool, dem «Community Index» (CIX) zusammen. Ähnlich der Summe der Leistungsfähigkeit seiner Individualisten.

Es geht um spielerische Motivation, die für jeden Mitarbeiter gut erreichbar sein soll.

Anfänglich brachten unsere Mitarbeiter, nicht zuletzt auch wegen des Namens, dem Instrument einige Vorbehalte entgegen. Doch mit der praktischen Arbeit überwogen die positiven Aspekte. Vor allem die vielen aktiven Auseinandersetzungen mit den eigenen Stärken und Schwächen wurden als wertvoll angesehen. Wenn eine Mitarbeiterin sagt: «Chef, ich rauche, ich krieg vier Minuspunkte. Ich werde aber ein Seminar mehr besuchen» – dann ist das die spielerische Wirkung, die wir mit unserem neuen Instrument erzielen wollten. Wir sind ja nicht so stur, dass wir das Rauchen verbieten wollen. Aber weil Rauchen Teil unseres MAX ist, ist es ein liebevoller Wink: «==Trag Sorge zu deiner Gesundheit.==»

Mit dem Mitarbeiter-Aktien-Index haben wir einen ganz großen Schritt getan, um unseren Anspruch, die Arbeit als Lust statt als Last zu empfinden, allen Teammitgliedern immer wieder bewusst zu machen.

Was ist mein Beitrag zum Ganzen?

Als wir vor sechs Jahren den Europäischen Qualitätspreis gewannen, gaben uns die Assessoren einen Hauptpunkt mit, an dem es sich für uns lohnen würde weiterzuarbeiten: Unternehmensführung und Führungskräfte waren sehr aktiv, initiierten immer zahlreiche Projekte. Aber worin der Beitrag zum Ganzen bestand und wie wirksam die Aktivitäten waren, darüber legten wir uns zu wenig Rechenschaft ab. Solange wir die Umsätze jedes Jahr massiv nach oben trieben, gab der Erfolg uns Recht. Seitdem aber auch wir die konjunkturelle Krise zu spüren bekommen und hart kämpfen müssen, um unsere Umsätze zu halten, hat sich unsere Einstellung geändert.

Die ausgeprägte Leistungskultur unseres Unternehmens birgt nämlich eine Gefahr: Das hohe Engagement bei den Mitarbeitern kann auch deren Egoismus fördern («Wenn Ihr mich nicht hättet»). Damit diese Haltung nicht überdehnt und zur Rücksichtslosigkeit wird, achten wir heute viel mehr darauf, welchen Beitrag eine Führungskraft und ein Mitarbeiter zum Ganzen beiträgt.

Wenn Sie Mitarbeiter fragen, wieso sie auf der Lohnliste stehen, welches ihr Beitrag zum Unternehmen sei, werden sie in der Regel zur Antwort bekommen: «Ich arbeite im Hausdienst und meine Aufgabe ist es ...» Wir wollen aber, dass sich jeder Mitarbeiter nicht nur für die eigenen Aufgaben verantwortlich fühlt, sondern auch für die Wirkung und die Ergebnisse seines Tuns. Vom «Wie bin ich? Gefalle ich dem Chef?» müssen wir zum «Stimmt mein Beitrag zum Sound in diesem Stück?» kommen.

Wenn einzelne Teams einmal nicht gerade voll ausgelastet sind, dürfen sie sich nicht ausruhen, sondern überlegen, ob sie einen Mitarbeiter an einen anderen Bereich ausleihen könnten. Diese Form von internem Leasing haben wir von Großfirmen abgekupfert. Seitdem achten die Mitarbeiter viel mehr auf dem Beitrag ihres Teams zum Ganzen. Das Kostenbewusstsein hat sich enorm gesteigert.

Mit unseren Führungskräften besprechen wir diese Frage im Rahmen der Zielvereinbarungsgespräche bereits sehr intensiv. Auch unser System der Erfolgsprämien berücksichtigt dies. 40 Prozent des Bonus der Bereichsleiter sind immer vom finanziellen Ergebnis des Gesamtunternehmens abhängig.

Erste Schritte aus diesem Kapitel:
- Überprüfen Sie, wie gut die Mitarbeiter in Ihrem Unternehmen die Führungsgrundsätze kennen und wie sichtbar die Führungskräfte diese Grundsätze im Alltag leben!
- Bauen Sie bei der Einstellung von neuen Mitarbeitern die intensive Auseinandersetzung mit der Unternehmensphilosophie Ihres Unternehmens und den Zielen des jeweiligen Bereiches in das Einführungsprozedere ein!
- Nehmen Sie sich vor, dass Sie die Mitarbeiter in ihrem Bereich jeden Tag einmal in Bestform erleben werden!
- Achten Sie nach Teambesprechungen darauf, ob die Mitarbeiter energiegeladen und schwungvoll an die Arbeit gehen! Verkürzen Sie sonst einfach die Dauer der Besprechungen!
- Legen Sie mit Ihren Schlüsselpersonen fest, welches ihr besonderer Beitrag in den nächsten zwölf Monaten sein wird!

7. Mit Lebenszyklen arbeiten

Der Lebenszyklus von Organisationen

Seit zwanzig Jahren arbeiten wir bei uns im Hotel daran, unseren Gästen einen immer perfekteren Service zu bieten. Viele unternehmerisch handelnden Führungskräfte und Mitarbeiter sind mit uns diesen Weg gegangen. In all den Jahren gab es immer wieder Phasen, in denen wir schnell große Schritte nach vorne gemacht haben. Und natürlich hatten wir auch immer wieder Zeiten, in denen nicht alles zusammengepasst hat, sondern ein oder zwei Unternehmensbereiche trotz hohem Einsatz eine Zeit lang nicht recht vorangekommen sind.

Wir kennen aus dem Marketing den Produktlebenszyklus. Die Phasen der Einführung, Wachstum, Reife, Sättigung, Rückgang und die Möglichkeit der Wiederbelebung. Aber nicht nur Produkte, sondern auch Menschen und Teams und damit die Organisationen durchlaufen typische Phasen. Fußballklubs, Rockbands, Orchester, Lesezirkel, Hobbykoch-Klubs – alle durchlaufen bestimmte Phasen.

> Jeder Fussballtrainer beteuert zwar ständig, alles, was zähle, sei das nächste Spiel. Aber insgeheim weiß er ganz genau, ob seine Mannschaft einen guten Lauf oder einen Durchhänger hat.

Das tiefere Verständnis dieser Phasen hat uns im Führungsteam für unsere eigene Arbeit enorm weitergeholfen. Jeder Fussballtrainer beteuert zwar ständig, alles, was zähle, sei das nächste Spiel. Aber insgeheim weiß er ganz genau, ob seine Mannschaft einen guten Lauf oder einen Durchhänger hat.

Und er weiß auch, ob sein Team innerhalb eines Jahres einen natürlichen Entwicklungsschritt nach vorne machen wird oder ob die Zeit von Schlüsselspielern abgelaufen ist und darum das Team erneuert werden muss.

Auch für uns ist immer die nächste Serviceaufführung die wichtigste. Gleichzeitig halten wir aber das Auge dafür offen, welche Bereiche gut laufen, welchen geholfen werden muss und wo Erneuerung angesagt ist. Wer nicht mit der Zeit geht, muss mit der Zeit gehen.

Unsere Führungskräfte lernen ein Phasenmodell aus der Organisationspsychologie kennen. Jede Phase weist eine typische Konstellation auf. Hier verbinden wir das Modell mit unserem TUNE-Ansatz. In jeder Phase ist das Zusammenspiel der vier Faktoren T, U, N und E ein anderes.

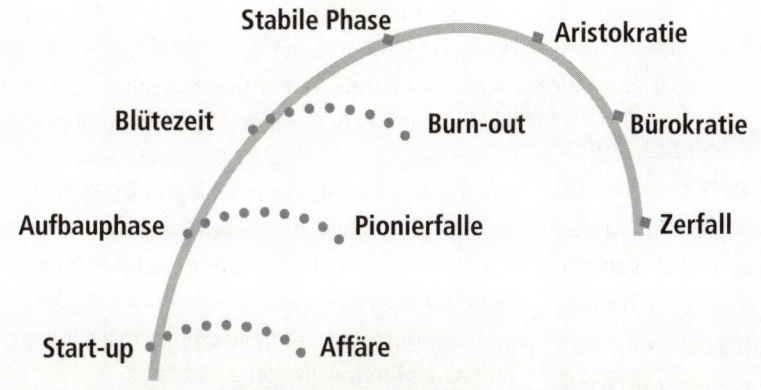

Typische Phasen der Entwicklung von Organisationen

In der Start-up-Phase sind Spirit und Energie ohne Ende vorhanden. Die Faszination für das Neue überwiegt alles andere. Man steht auf der Startbahn, will fliegen, muss aber zuerst den Flieger bauen. Mit der konkreten Arbeit tauchen auch konkrete

Probleme auf. Wenn der erste Rausch der Begeisterung vorbei ist, wird mit jeder Herausforderung auch die Motivation auf die Probe gestellt. Wenn jetzt die Energie nachlässt, wird aus einer großartigen Idee nur eine Affäre.

In der Aufbauphase bekommt die junge Organisation Rückenwind: Es funktioniert, die geschaffenen Strukturen halten; das alles gibt noch mehr Energie, und der Unternehmens-Spirit bleibt hoch. Gearbeitet wird noch wie in der Gründerphase, aber die Organisation ist jetzt größer geworden. Es braucht jetzt mehr Ordnung und Stabilität. Und es treten immer deutlicher Rangordnungen zutage. Wenn die verschworene Mannschaft der Gründer jetzt diesen Sprung nicht schafft und zu jammern beginnt («Es ist einfach nicht mehr wie am Anfang»), dann geht auch die feurige Stimmung der Anfangszeit weg. Die Organisation ist in die Pionierfalle getappt.

In der Blütezeit der Organisationen sind Spirit und Energie immer noch stark. Es ist gelungen, mit dem Wachstum auch die Strukturen mitwachsen zu lassen. Der Erfolg beflügelt weiterhin die Innovationen. In dieser Phase kann aber das Optimieren des laufenden Geschäfts sehr mühsam werden. Die Schritte nach vorne werden kleiner und langsamer, Rückschritte müssen verdaut werden. Dabei kann der Spirit verloren gehen. Dauert diese Phase zu lange, droht der Organisation der Burn-out. Die Energie ist trotz hohem Einsatz verloren gegangen.

Im eigenen Unternehmen zu arbeiten, bedeutet: bodyselling. Am Unternehmen zu arbeiten, heißt: Zuständig sein für Weiterentwicklung der Organisation und die Förderung der Mitarbeiter.

Der Workoholiker streitet wie der Alkoholiker ab, süchtig zu sein. Er merkt sein Problem noch nicht mal, wenn die Partnerin das Gespräch mit anderen und den Haustieren vorzieht, weil er selbst zu einsilbig geworden ist. Auch wenn das Einschlafen immer häufiger vor dem Bildschirm als woanders stattfindet, will der Workoholiker die Zeichen an der Wand noch nicht sehen.

Bei uns im Schindlerhof sind wir vergleichsweise schnell zur Blütezeit gekommen. Meine Frau und ich mussten aber immer noch voll mitarbeiten. Das Unternehmen war einfach noch nicht robust genug. In dieser Phase drohte auch uns oft Workoholismus aufzufressen. Bei uns war die Vision immer noch lebendig, wir arbeiteten mit hohem Einsatz, aber wir waren oft auch ausgelaugt.

Im eigenen Unternehmen zu arbeiten, bedeutet: *bodyselling*. Am Unternehmen zu arbeiten, heißt: Zuständig sein für Weiterentwicklung der Organisation und das Fördern der Leute. Zu dieser Einsicht haben wir sehr lange gebraucht. Das ist ein Fehler, den viele Gründer machen. Es braucht Größe, um überhaupt delegieren und damit abgeben zu können.

Wenn dieser Schritt aber gelingt, dann kann die Organisation in eine stabile Phase kommen. Der Spirit ist immer noch stark vorhanden, die Strukturen sind perfektioniert und robust gemacht. Der Erfolg wird von hungrigen Schlüsselpersonen weitergetragen. Die Energie in der Organisation wird optimal ausgeschöpft.

Je länger der Erfolg dauert, desto mehr droht die Gefahr, dass das U und das N immer wichtiger werden. Störenfriede sind nicht mehr willkommen. Man neigt zu aristokratischem Verhalten. Aristokratie heißt, sich Privilegien nehmen, weil der Schwung der Vorgänger dies erlaubt. Langgediente Führungskräfte neigen dazu, sich in dieser Phase Privilegien herauszunehmen, etwas ruhiger zu treten und die Früchte der vergangenen Anstrengungen zu ernten.

Mit unserer Betriebsgröße können wir es uns aber nicht leisten, Teamleader zu haben, die einen Stammkunden während eines Tagungsaufenthaltes genau gleich behandeln wie vor einem Jahr.

Wenn der Spirit ganz verschwunden ist und Ordnung, das U, immer wichtiger wird, dann droht Bürokratie. Wenn unter der Starrheit auch die Mitarbeiter zu leiden beginnen, geht das Wohlbefinden zurück und es ist nur noch ein kleiner Schritt, die fehlende Energie zum endgültigen Zerfall führt.

Wo stehen die Schlüsselpersonen?

Der Lebenszyklus einer Organisation oder eines Organisationsbereichs ist das eine. Die persönliche Situation der einzelnen Menschen im Team, die Lebensphasen, in der die einzelnen Individuen stecken, das andere. Nach dem Psychologen Erikson durchleben Menschen typischerweise verschiedene Phasen:
- Phase des Wachsens, Phantasierens, Erkennens,
- Phase des Lernens und der Berufsausbildung,
- Phase des Eintritts in das Berufsleben,
- Phase der Grundausbildung und Sozialisation,
- Phase der Akzeptanz,
- Phase der dauerhaften Zugehörigkeit bzw. das Hinterlassen von eigenen Spuren,
- Phase der Krise der mittleren Lebensjahre,
- Phase des Schwungerhaltens, Wiedergewinnens oder Ausklingenlassens,
- Phase der Loslösung,
- Phase des Ruhestands.

Jeder Mensch bringt in einer anderen Lebensphase andere Fähigkeiten in das Unternehmen mit ein. Auch in unserem Hotel kommen verschiedenste Lebenssituationen zusammen: Azubis, talentierte Mitarbeiter auf ihren Wanderjahren, junge, hungrige Führungskräfte, die beweisen wollen, wozu sie fähig sind, und Führungskräfte, die genau wissen, dass ihre nächste Station ein eigenes Unternehmen sein wird.

Und da sind schließlich wir als Besitzerfamilie. In einer Siebenjahresplanung haben wir für uns festgelegt, wie meine Frau und ich uns immer mehr aus dem Betrieb herausnehmen werden und wie unsere Tochter stufenweise immer mehr Verantwortung übernehmen wird.

Mitarbeiterförderung bedeutet neben den Ansprüchen des Unternehmens auch, die Erwartungen und Besonderheiten der individuellen Lebenssituation der einzelnen Mitarbeiter zu berücksichtigen. Wir betrachten unser Unternehmen als einen Ort, wo Mitarbeiter in verschiedensten Lebenssituationen hart arbeiten, sich freundschaftlich verbinden und dann reifer und bereichert woanders eine weitere berufliche Station in ihrem Leben anpacken. Der Schindlerhof ist, wie in unserer Branche üblich, natürlich vor allem ein Ort, der jüngere Menschen anzieht. Aber er ist definitiv kein Ort für Sesselkleber.

Wir betrachten unser Unternehmen als einen Ort, wo Mitarbeiter in verschiedensten Lebenssituationen hart arbeiten, sich freundschaftlich verbinden und dann reifer und bereichert woanders eine weitere berufliche Station in ihrem Leben anpacken.

Die Wellen nutzen

Die Phase eines Organisationsbereichs muss mit der Lebenssituation der Führungskraft übereinstimmen. Was jahrelang wunderbar geklappt hat, muss jetzt nicht mehr unbedingt weiterhin klappen. Nicht jede Führungskraft ist ein Start-up-Typ, der einen neuen Geschäftsbereich zum Funktionieren bringen kann. Nicht jede Führungskraft kann unter Druck eine hohe konstante Qualität halten.

Im Schindlerhof mussten wir die Freundlichkeit und das Wohlbefinden nochmals steigern, weil unsere Mitbewerber aufgeholt hatten. Unser Führungsteam war zu dieser Zeit jahrelang zusammen und hatte jedes Jahr für das Gewinnen eines Awards gekämpft. Und trotz Ermüdungserscheinungen bei den Schlüsselmitarbeitern mussten wir im N-Faktor stärker werden. Da kam es uns nur gelegen, dass wir 1998 nach dem Gewinn des Europäischen Qualitätspreises für fünf Jahre nicht mehr an Qualitätspreisen teilnehmen konnten.

Wenn du jemandem schaden willst, schicke ihm sieben erfolgreiche Jahre. Wir haben bei unserer Betriebsgröße das Problem, dass wir langjährigen erfolgreichen Führungskräften nicht einfach neue große Herausforderungen mit einem neuen Unternehmensbereich geben können. Unser Haus ist dafür zu klein. In Großunternehmen gibt es viele Möglichkeiten, neue Aufgabengebiete anzubieten. Das ist der einzige Bereich, bei dem ich die Konzerne beneide.

Um zu vermeiden, dass diese Führungskräfte zu aristokratischem oder bürokratischem Verhalten neigen, fordern wir sie mit immer neuen Aufgaben heraus. Nur so kann die Freude an der Arbeit erhalten werden. Aber wir stoßen hier an Grenzen. Wenn man kein neues Geschäftsfeld anbieten kann, dann wird es schwierig, mit einer Führungskraft einen Relaunch zu machen. Häufig suchen wir für unsere Führungskräfte Möglichkeiten zur Weiterentwicklung ausserhalb des Schindlerhofs. Dank unseren langjährigen und guten Beziehungen zu unseren eigenen Kunden und zu Partnern gelingt uns das auch immer besser außerhalb von Hotellerie und Gastronomie.

Wenn Führungskräfte hingegen neu einen reifen Unternehmensbereich übernehmen, dann wird häufig das Halten der Kontinuität und Stabilität in diesem Bereich zum Problem. Das Ego der meisten vor allem auch jungen Leute schreit nach Veränderungen. Die hohe Kundenzufriedenheit und das geringe Wachstumspotenzial rufen hingegen nach Kontinuität. In diesen reifen Bereichen besteht die Kunst oft gerade darin, den Unternehmens-Spirit bei den Mitarbeitern wach zu halten und wieder zu erneuern. Sind unsere Führungskräfte dazu in der Lage?

Wir haben gelernt, dass wir einer ungenügenden Leistung in einem Unternehmensbereich nicht dauernd mit Verbesserungen von Abläufen und mit noch mehr Qualifizierung und Förderung der Mitarbeiter begegnen können. Sondern dass wir gegebenenfalls unsere Entscheidung für die Führungskraft überdenken und schnell auch einen Wechsel vornehmen müssen.

In unserer Jahreszielplanung legen wir immer die Stoßrichtung für die einzelnen Unternehmensbereiche fest: Geht es darum, im Lebenszyklus weiterzukommen, die Schlagzahl zu erhöhen? Gilt es, einen Bereich sich erholen und stabilisieren zu lassen? Ist die Hauptaufgabe, wieder richtigen Tritt zu finden? Oder müssen im nächsten Jahr weitgreifende Veränderungen angepackt und der Relaunch geschafft werden? Die Folgerungen werden in den Zielvereinbarungen mit allen Führungskräften aufgenommen.

In der Vorbereitung dazu führen wir mit jeder Führungskraft einmal pro Jahr im Rahmen der Orientierungsgespräche eine Lebenszyklus-Analyse durch. In welchem Lebenszyklus steht mein Bereich? In welchem Bereich stehe ich als Führungskraft mit einem eigenen Lebenszyklus? Welches ist mein Beitrag zur Weiterentwicklung im nächsten Jahr? Solche Lebenszyklus-Betrachtungen sind für uns sehr viel wichtiger geworden, als mit unseren Führungskräften über Nullachtfünfzehn-Stellenprofile zu sprechen.

You can't stop the wave, but you can learn to surf heißt es. Wir haben gelernt, dass wir viel besser die Lebenszyklus-Wellen nutzen können, damit die Energie in unserem Team so weit wie möglich tragen kann.

Lebenszyklen von Schlüsselpersonen und Aufgaben zusammenbringen.

Bei der Entscheidung über die Besetzung eines Unternehmensbereichs achten wir viel stärker auf die Lebenssituation der Führungskraft als auf deren Alter. Wenn die richtige Führungskraft im richtigen Moment ihrer Lebenssituation die passende

Herausforderung bekommt, dann kann Großartiges daraus entstehen. Umgekehrt können engagierte Führungskräfte frustriert werden, weil sie in einer unglücklichen Konstellation nur noch einen Bruchteil ihrer Leistung abrufen können.

Wenn der reife Starverkäufer zum Vertriebsleiter befördert wird und jetzt seinen achtzehn Kollegen die Spesenabrechnungen kontrollieren muss und dadurch selber weniger bei den Kunden ist, dann versteht man, was es heißt, Leute aus dem herauszureißen, was ihnen eigentlich Freude macht. Wenn die Sales-Verantwortliche einer Tourismusorganisation, die ein neues Verkaufssystem aufbauen und verkaufen soll, in vier Monaten heiratet, dann wird berechtigterweise diese Perspektive auch ihr Engagement mitbestimmen.

Der Abteilungsleiter, der sieben Jahre erfolgreich eine Abteilung aufgebaut hat, niemanden neben sich groß werden ließ, jetzt aber nicht mehr den gleichen Biss hat, wundert sich, dass der Schwung bei seinen Mitarbeitern auch nicht mehr so hoch ist, wie er schon einmal war. Oder der Firmengründer, der als Handwerker nach jahrelanger Aufbauarbeit mit seinem Kernteam auf einmal jüngere Akademiker in Schlüsselpositionen im Finanz- und Produktionsbereich hat. Das sind problematische Konstellationen, weil Spirit und Energie in den Lebenszyklen zwischen Person und Aufgabe nicht genügend übereinstimmen.

Besser erging es dem 43-jährigen Manager, der in einem mittelständischen Unternehmen seinen Geschäftsbereich im Reifestadium perfekt im Griff hatte, aber neben dem Inhaber als Geschäftsführer keine vielversprechende Perspektive mehr sah. Der Firmeninhaber wusste, was er an seinem Mann hatte, und wollte ihn unbedingt halten. Er kaufte für ihn ein neues Geschäftsfeld hinzu und brachte damit wieder Zukunftsperspektiven für den Manager ins Unternehmen. Neuen Schwung hat auch den 50-jährigen Hoteldirektor gepackt, der sein Hotel vom Eigentümer erwerben konnte – und in zwei Jahren flotte Ergebnisverbesserungen und eine tiefere Fluktuation bei den Führungskräften hinkriegte.

Unser eigener Küchenchef ist ein richtiger Startupper. Er kam vor vier Jahren zu uns als Jungkoch und hat sich so ins Zeug gelegt, dass wir ihn nach zwei Jahren gleich zum Küchenchef beförderten. Ihm zur Seite stand ein Sous-Chef, der auf der soliden Seite stand. Das hohe Engagement des Unternehmertalents kam für uns gerade zur rechten Zeit, da wir mit unserer Küche einen Kurswechsel in ein höherpreisiges Segment vorantrieben. Wie es bei uns zu erwarten ist, plant er jetzt aber den Sprung in die Selbstständigkeit. Da kommen bei mir natürlich Freude und gleichzeitig Bedauern zusammen.

Eine unserer langjährigsten und erfahrensten Führungskräfte leitete seit 1994 unseren Tagungsbereich federführend zu seiner heutigen Blüte. Aber nachdem wir viermal hintereinander zum besten Tagungshotel Deutschlands gewählt wurden, war die Herausforderung nicht mehr da. Spirit, Stabilität, Herzlichkeit, alles kein Problem, nur die Energie ging leicht zurück. Wir übertrugen ihr den Verkaufsbereich. Da war sie wieder voller Begeisterung bei ihrer neuen Aufgabe.

Eine Restaurantleiterin wurde von einem Gast geheiratet. Da setzt unser Management natürlich aus. Aber gefreut haben wir uns trotzdem für sie. Die Nachfolgerin haben wir dann wiederum im eigenen Hause gesucht. Wir fanden sie in unserem Tagungsbereich. Sie hatte keine eigentliche Restauranterfahrung. Aber ich wollte ihr die Chance geben, weil sie hungrig war und eine hohe Identifikation mit unserem Hotel bewiesen hatte. Wir mussten sie in der Anfangsphase natürlich viel intensiver unterstützen, bis sie ihren Job wirklich packte.

Seitdem wir uns viel intensiver mit dem Lebenszyklus von Unternehmensbereichen und unseren Teammitgliedern auseinander setzen, haben wir uns klar verbessert. Und wir haben auch herausbekommen, wie wir die Lebenszyklus-Wellen nutzen können, damit die Energie in unseren Teams die einzelnen Bereiche so weit wie möglich tragen kann.

Erste Schritte aus diesem Kapitel:
- Erfassen Sie den Lebenszyklus des eigenen Organisationsbereiches. Schätzen Sie darauf die Phase der Lebenszyklen ein, in der die Schlüsselpersonen dieses Bereiches stehen. Listen Sie Maßnahmen auf, um den Schwung in Ihrem Bereich zu halten oder zu erneuern.
- Beurteilen Sie Ihre eigene Situation im Lebenszyklus: Wie viel Veränderungen brauchen Sie, um in Form zu bleiben? Welche wünschen Sie?

8. Stimmung kann man nicht kopieren

Hart und weich

Wir haben gezeigt, worauf wir beim Service für unsere Kunden achten, wie die Servicefaktoren zusammenspielen und wie man sie feiner aufeinander abstimmen kann. Wenn Mitarbeiter herzlich und achtsam auf ihre Kunden eingehen sollen, dann müssen auch die Führungskräfte herzlich und achtsam auf ihre Mitarbeiter eingehen und damit gleichzeitig eine hohe Leistung erzielen. Harte Fakten und *soft skills* gehören nun mal zusammen.

Eine Umfrage in der deutschen Gastronomie hat das bestätigt. Unternehmen, die sowohl Zielvereinbarungen als auch Erfolgsprämien mit ihren Führungskräften vereinbart hatten, konzentrieren sich bei den internen Schulungen stark auf die *soft skills*. Persönlichkeitsentwicklung, Umgang mit Stress, Kommunikation sind die favorisierten Themen. Unternehmen, die kein System der Zielvereinbarung kannten, waren primär auf die in unserer Branche klassischen Verkaufs- und Produktschulungen ausgerichtet. Wir können die *soft skills* nur fördern, weil wir zugleich auch Meister der harten Fakten sind. *You've got to be hard to be soft* (Jack Welch).

Umgekehrt werden Unternehmen, die bei den harten Fakten zu weich sind, früher oder später zu ihren Mitarbeitern hart werden müssen.

Engagement verträgt sich schlecht mit Bevormundung.

«Der Chef ist ein harter Hund oder ein Weichei.» Diese Haltung ist weit verbreitet. Wir müssen weg von diesem Schwarzweiß-Denken kommen.

Engagement verträgt sich schlecht mit Bevormundung. Engagierte Mitarbeiter wollen Entscheidungs- und Handlungsspielräume, und sie wollen wissen, was sich tut und wo es gut läuft und wo es Probleme gibt.

Freiräume, damit Mitarbeiter sich entfalten können, haben Grenzen. Grenzen werden manchmal von Führungskräften willkürlich gezogen. Wir ziehen Grenzen auf eine transparente Art und Weise: Wir vereinbaren mit unseren Führungskräften unsere Ziele und haben bei Abweichungen von diesen Zielen klar definiert, was geschehen wird. Kostenmanagement ist für uns eines der wirkungsvollsten Führungsinstrumente. Wir unterscheiden in unserem Kostenmanagement drei verschiedene Stufen:

- Minusabweichungen von mehr als drei Prozent über acht Wochen bedeuten für uns: eine Überprüfung der geplanten Investitionen mit Prioritäten, schließlich Information aller Mitarbeiter zum Thema Kostenbewusstsein und wesentliche Information aller Mitarbeiter durch Teamleader zum Thema Kostenbewusstsein.

- Eine Minusabweichung von mehr als fünf Prozent über drei Monate zieht die Senkung der Gehälter des obersten Managements und der Teamleader nach sich. Investitionen mit Priorität A werden gestoppt und Teams werden durch Ausnutzung der natürlichen Fluktuation, die in unserer Branche traditionellerweise vergleichsweise hoch ist, verkleinert. Bereits in dieser Stufe formuliert jeder Teamleader sein persönliches Krisenpapier. Es enthält seinen individuellen Beitrag zum Kostenmanagement, falls sich die Umsatzzahlen weiter verschlechtern.

- Bei Minusabweichungen von mehr als zehn Prozent über sechs Monate werden die Thesenpapiere der Teamleader veröffentlicht, in den Bereichsmeetings wird über die Umsetzung gesprochen und die entsprechenden Massnahmen werden vereinbart.

Diese Klarheit gibt uns Gelassenheit. Weil wir miteinander derart konsequent und hart sein können, können wir auch im normalen Alltag locker, offen und herzlich zueinander sein.

Und gerade Freundlichkeit und Humor erlauben es uns dann wiederum, Dinge beim Namen zu nennen, die man in einem härteren Klima nicht ertragen und deshalb oft nicht aussprechen würde. In stürmischen Zeiten sich wärmer anziehen und weiter einen klaren Kurs zu fahren – damit können wir also leben. Aber ob wir gute Stimmung an Bord schaffen, das erfordert unsere höchste Achtsamkeit.

> **In stürmischen Zeiten sich wärmer anziehen und weiter einen klaren Kurs zu fahren – damit können wir also leben.**

Ziele kaskadieren

Das Hotel Schindlerhof unterscheidet sich in einem Punkt von den meisten anderen Betrieben: Alle Teamleader arbeiten ganz intensiv an den Zielsetzungen des Gesamtunternehmens mit.

Und vor allem kennen alle Mitarbeiter die hohen Ziele ganz genau. Wenn unsere Mitarbeiter vor zehn Jahren gefragt wurden, was Total Quality Management bedeute, haben die meisten geantwortet: «Wir haben klare Ziele. Wir wissen genau, worauf wir hinarbeiten.» Erst klare und herausfordernde Ziele fordern das Engagement und die Fähigkeiten der Mitarbeiter. Erst eine hohe Messlatte macht den Mitarbeitern klar, dass es ohne Eigenverantwortung und ständiges Verbessern nicht geht.

In den letzten Jahren haben wir unser Ziel- und Planungssystem verfeinert und heute eine durchgehende «Kaskade», mit der wir unsere obersten Unternehmensziele bis hin zu den Zielen für den einzelnen Mitarbeiter stufenweise detaillieren. Aus den übergeordneten Unternehmenszielen aus unserem Leitbild erarbeitet unsere Familie eine Siebenjahresplanung. Sieben Jahre entsprechen auch einem Lebensabschnitt eines Menschen. Diese Form von Vorausschau passt zu unserer Familie. In diesem Plan haben wir die Entwicklung der einzelnen Leistungsbereiche, der wichtigsten Kennzahlen und der wichtigsten Schwerpunktprogramme auf zwei Seiten dargestellt. In unserem Siebenjahresplan haben wir auch festgelegt, wie unsere Tochter Nicole stufenweise die gesamte Verantwortung für unser Unternehmen übernehmen wird.

Die Kraft für diese Ziele wird in allererster Linie aus der Jahreszielplan-Tagung geschöpft. Der Jahreszielplan ist das wichtigste Instrument für Planung und Kontrolle der Geschäftsergebnisse und der Tätigkeiten im ganzen Schindlerhof.

Anfang der zweiten Jahreshälfte führen wir unseren Strategietag durch. Dort überprüfen wir den aktuellen Kurs und legen fest, welches die Schwerpunkte für das nächste Jahr sein werden. Zur Erarbeitung des Jahreszielplans ziehen wir uns jedes Jahr im November für mindestens drei Tage in Klausur zurück.

Die Bereichsleiter schlagen aufgrund der Vorgaben aus dem Strategietag ihre Umsätze für das nächste Jahr vor. Umsatzerhöhung entsteht aus Preiserhöhung und mengenmäßigem Zuwachs. Wir akzeptieren mengenmäßige Zuwächse nur, wenn sie auch mit Maßnahmen hinterlegt werden. Wir halten nichts von Umsatzplus-Ritualen, das ist *wishful thinking*.

Wir halten nichts von Umsatzplus-Ritualen, das ist *wishful thinking*.

Mitarbeiter können nur ergebnisorientiert handeln, wenn sie die verlangten Ergebnisse auch genau kennen. In unserem Jahreszielplan arbeiten wir mit dem Instrument der *Balanced Scorecard*.

Mit diesem Instrument werden in knapper und ausgewogener Darstellung die strategischen Ziele, Messgrößen und die Aktivitäten-Programme des Unternehmens aufeinander abgestimmt. Jeder Bereich leitet daraus seine eigenen Ziele ab.

Wir sind sogar so weit gegangen, dass wir die Azubis zum Thema *Balanced Scorecard* geschult haben. Nur so konnten sie verstehen, welche Abteilungsziele in ihrem Bereich verfolgt wurden.

Das wichtigste Ergebnis der Tagung ist, dass alle Führungskräfte ihre Ziele genau kennen und sich zu den vereinbarten Maßnahmen verpflichten. Alle Planungstermine werden von den Verantwortlichen in ihre Zeitplanbücher eingetragen (alle Führungskräfte erhalten im Schindlerhof das gleiche Zeitplanbuch – zusammen mit den entsprechenden Seminaren).

Im Dezember stellt das oberste Management allen Mitarbeitern die Politik und die Maßnahmenpläne für das folgende Jahr persönlich vor. Wir nehmen uns ausreichend Zeit, die getroffenen Entscheidungen zu erklären und darüber zu befinden. Seit 1998 ist unser Hotel an diesem Tag für Gäste geschlossen. Im Anschluss an dieser Präsentation bekommt jeder Mitarbeiter den aktuellen Jahreszielplan mit auf den Weg.

Energie durch hohe Ergebnisorientierung

Nicht nur die Arbeit, auch die Ergebnisse müssen Freude machen. Das kommt auch im EFQM-Modell zum Ausdruck: Befähiger- und Ergebnisseite werden gleichermaßen mit je 50 Prozent der Punktzahl bewertet. Das Erreichen von positiven Trends bei den Ergebnissen und das Ausmaß der Zielerreichung bei diesen Ergebnissen stehen im Zentrum.

Zu geringe Ergebnisorientierung bewirkt bei den Mitarbeitern Energielosigkeit. Das wirkt sich bis in den Mitarbeiter-Kunde-Kontakt aus. Energie hat auch etwas mit Verkauf zu tun. Für uns ist beispielsweise im Restaurant der Umsatzanteil der verkauften Getränke im Verhältnis zu den Speisen ein Indikator, wie zufrieden und entspannt unsere Gäste ihren Aufenthalt genießen können.

Natürlich fördern wir auch die Verkaufsenergie unserer Kellner. Die einen bringen eine Stimmung an ihren Tischen zustande, die einen 40-prozentigen Getränkeanteil mit sich bringt, andere Kellner schaffen nur 34 Prozent. Ein einzelner Kellner an einem einzelnen Abend mit 34 Prozent bedeutet umsatzmäßig nicht viel. Fehlende Ergebnisorientierung beginnt aber beim Einzelnen. Wenn dann ein ganzer Bereich oder gar ein ganzes Unternehmen nicht für diesen Unterschied kämpft, dann beweist die Buchhaltung die fehlende Ergebnisorientierung Monat für Monat.

Ergebnisorientierung bedeutet für uns auch, dass die Mitarbeiter ihre eigene Leistung und den Wert ihres eigenen Gehalts sorgfältig überprüfen. Seit Jahren lassen wir unsere neuen Mitarbeiter bei der Anstellung ihr Wunschgehalt selber bestimmen. Wir vertrauen darauf, dass sie das sehr sensibel auf ihre eigene Leistungsfähigkeit hin tun. Bei uns gilt auch, dass jede Gehaltserhöhung mit der Übernahme einer zusätzlichen Verantwortung verbunden sein muss. Es gibt keine automatischen Gehaltserhöhungen. Diese zusätzlichen Aufgaben und Verantwortungen werden immer schriftlich fixiert.

Die Vorgaben aus unseren Jahreszielen fließen in unsere Bereichsbudgets ein und werden bei uns durch tägliche Soll-Ist-Vergleiche überprüft. Bis morgens um zehn Uhr weiß jeder Mitarbeiter, wie der Vortag umsatzmäßig im ganzen Betrieb gelaufen ist. Jeder Teamleader bewertet einmal monatlich, wie die Kernprozesse in seinem Bereich laufen (s. S. 157):

- Blau bedeutet, dass nicht viel los ist.
- Grün heißt, dass alles in Ordnung ist.
- Orange bedeutet, hier geht die Post richtig ab.
- Rot signalisiert, dass die Überbelastungszone erreicht und kaum mehr machbar ist.

Im ersten Führungsmeeting des Monats wird jeweils der Gesamtüberblick präsentiert. Hier wird auch entschieden, wo mit

Natürliches Wohlbefinden – Energie

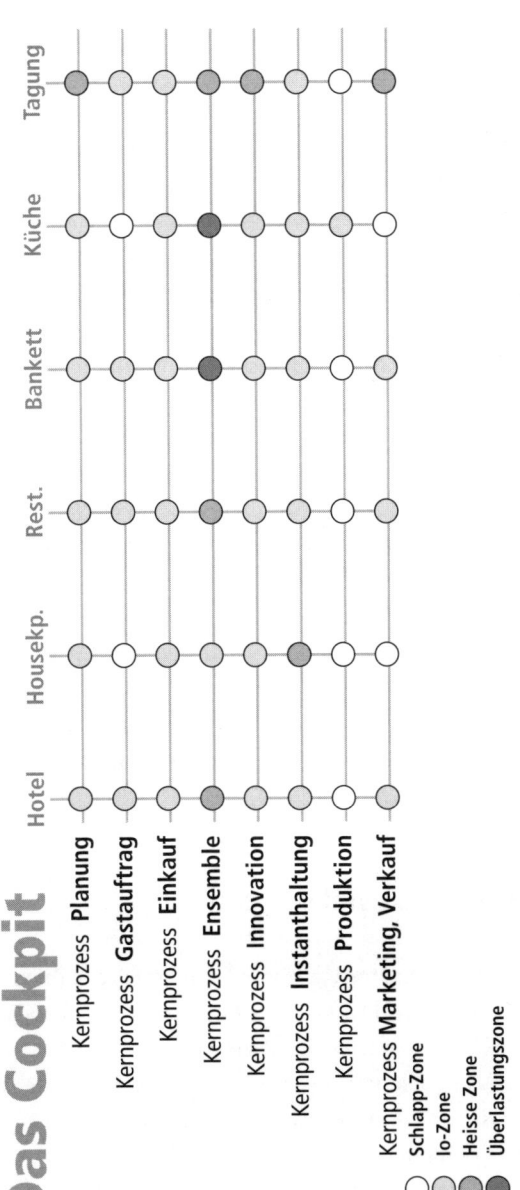

Kein Tennisspieler kann sein bestes Tennis spielen, wenn er zu viel auf die Resultattafel schaut.

welchen Maßnahmen im Einzelfall eingegriffen werden muss. Auch unsere täglichen Schlussbesprechungen in allen Abteilungen fördern diese Ergebnisorientierung. Haben wir heute das bewirken können, was wir wollten? Stimmen auch die Resultate? Tag für Tag nehmen wir uns wenige Minuten Zeit. Auch unsere jüngsten Azubis erleben eine solche Ergebnisorientierung als normal. Bei internen Sitzungen haben wir festgelegt, dass es keine Sitzung ohne Umsetzungsaktivitäten und entsprechendes Protokoll gibt.

Ergebnisorientierung bedeutet aber auch für mich selbst, den Jahresbericht mit der Rückschau und den Zielen für das kommende Jahr mit eiserner Konsequenz am ersten Januar des neuen Jahres den Mitarbeitern, aber auch Banken, Lieferanten, Geschäftspartnern und Stammkunden zukommen zu lassen.

Kein Tennisspieler kann sein bestes Tennis spielen, wenn er zu viel auf die Resultattafel schaut, heißt es. Wir schauen bei uns darauf, dass die Mitarbeiter und Führungskräfte sich auf ihr bestes Servicespiel konzentrieren können. Aber wir wollen auch, dass sie jeweils nicht zu lange, dafür umso häufiger auf die Ergebnisse schauen.

Viel kann zu viel werden

Damit die gesetzten Ziele ihre Kraft entfalten können, müssen sie sinnvoll und realistisch erreichbar sein. Alle Beteiligten müssen sich über die Inhalte der Ziele klar sein. Beim Vereinbaren der Höhe der Ziele legen wir bei uns im Schindlerhof die Messlatte so, dass wir ein hohes Spannungsniveau erzielen. Dehnen, aber nicht überdehnen, heißt es.

Die meisten Menschen haben zu viele Ziele, aber zu kleine

Aufgaben. Wir wollen wenige große Ziele, die große Aufgaben verlangen. Hindernisse überwinden ist der Vollgenuss des Daseins, heißt es. Wir setzen uns darum jedes Jahr ambitiöse Umsatz- und Kostenziele. Dazu nehmen wir uns auch jedes Jahr ein großes Anerkennungsziel vor.

==In unserem Unternehmen brauchen wir hohe Ziele, die aus allen Mitarbeitern das Beste rauskitzeln.== Mir müssen aber auch abschätzen können, welche Konsequenzen die Höhe der Messlatte für ihr eigenes Tun hat. Wir haben unsere Umsatzziele in den letzten Jahren immer so geplant, dass sie selbst bei größten Anstrengungen bei optimalen Bedingungen eher knapp verfehlt als voll erreicht wurden.

Wir haben aber jetzt gemerkt, dass wir die Messlatte etwas herunternehmen müssen. Das fällt uns natürlich schwer und wir fragen uns: Wo gibt man nach? Wo zieht man etwas durch? Aber wenn wir trotz höchstem Einsatz Zeit dafür verwenden müssen, jede Woche über Zielabweichungen und ihre Ursachen zu sprechen, dann wird es auf die Dauer für alle zermürbend. Wenn dann die Führungskräfte noch aus Presse und Branchenvergleichen hören, wie es im aktuell wirtschaftlich schwierigen Umfeld anderen Unternehmen in unserer Branche geht, dann beginnt die Glaubwürdigkeit von sehr ambitiösen Zielen zu sinken. Lieber ein bisschen mit den Zielen nachgeben, damit die Spannung wieder steigt.

Dranbleiben

Wir haben ein ausgeklügeltes System zur Umsetzung unserer Jahresziele. Von den Monatsplanungen der Teamleader über die Projektpläne bis zu den Dienstplänen wird sehr sorgfältig geplant und entschieden. Aber wo sind mögliche Schwächen? Beim Elchtest für Mitarbeiter und Führungskräfte: Wenn im Alltag dann alles miteinander und nebeneinander erledigt werden muss und außerdem noch Unvorhergesehenes auftaucht – bleiben sie dann stehen oder fallen sie um?

Konsequenz und Verbindlichkeit bei den Führungskräften sind häufig die fehlenden Elemente zwischen den Entscheidungen und dem Erreichen von Zielen. Führung hört häufig auf, wenn etwas entschieden ist. Aber erst dann wird Führung richtig gefordert.

Führung hört häufig auf, wenn etwas entschieden ist. Aber erst dann wird Führung richtig gefordert.

Ein Beispiel: Wir haben uns im hauseigenem Merchandising ein Ziel vorgenommen: Wir verkaufen 30 Kuchen (Rüblitorte mit Ingwer) pro Woche. Unsere Küche hat viel Zeit in Rezeptur, Haltbarkeit und Verpackung investiert. Aber jetzt kommt's: Wir verkaufen nur 5 pro Woche. Bis zu diesem Punkt kommen die meisten Führungskräfte klar.

Aber im Grunde genommen beginnt jetzt Führung erst richtig. Was ist nicht so gelaufen, wie wir es uns vorgestellt haben? Und jetzt müssen wir reagieren. Unsere Kuchen in kleinen Stücken, als Petitfours, zu jedem Kaffee servieren. Oder Probierstücke an der Bar im Tagungsbereich aufnehmen und ein kleines Schild dazustellen: «Sie können mich auch groß mit nach Hause nehmen», usw.

Konsequenz heißt Con-Sequenz, «mit Folge». Wenn Mitarbeiter bei der Umsetzung Schwierigkeiten bekommen, dann hat das bei uns Konsequenzen. Die schärfste Form ist es, wenn die Leistung eines Mitarbeiters so unbefriedigend ist, dass Teamleader ihn für eine Zeit lang in wöchentlichen Einzelgesprächen an die Kandare nehmen. Führung ist dazu da, Mitarbeiter bei der Arbeit zu stören ...

Aus Furcht, zu weit zu gehen, gehen wir oft nicht weit genug. Wenn Führungskräfte ihre eigenen Ziele ernst nehmen, um damit auch selbst ernst genommen zu werden, müssen sie an hundert Orten gleichzeitig hartnäckig dranbleiben.

Das Ohr bei den Mitarbeitern haben

Die Stimmung zwischen Mitarbeitern und Kunden kann nur so gut sein, wie die Stimmung zwischen Führungskräften und Mitarbeitern ist. Unser Teamgeist ist nur möglich, weil unsere Führungskräfte ihre Ohren ebenfalls bei den Mitarbeitern haben und ihnen zuhören können. Im hektischen Alltag geht das natürlich manchmal auch ein wenig unter. Aber wir haben drei Instrumente, mit denen wir uns ganz bewusst auf die Anliegen der Mitarbeiter einstellen wollen:
- die täglichen Schlussbesprechungen,
- die Orientierungsgespräche, die zweimal jährlich stattfinden,
- die jährliche Mitarbeiterbefragung.

Die täglichen Schlussbesprechungen wurden in diesem Buch bereits weiter vorne (Seite 88) beschrieben. Sie haben uns neben der Überprüfung der Stimmung bei den Gästen noch einen wichtigen Zusatznutzen gebracht: Die Mitarbeiter trauen sich leichter als früher, in diesen Schlussbesprechungen mit allen Teammitgliedern auch einmal eine kritische Bemerkung zum Verhalten des Teamleaders zu machen.

Meist herrscht eine entspannte Stimmung in diesen Besprechungen. Kritik gegenüber der Führungskraft fällt dann oftmals einfacher, als dies in Einzelgesprächen möglich ist, in denen dann eine einzelne Kritik ein zu hohes Gewicht und einen zu hohen Stellenwert bekommt. Diese Schlussbesprechungen helfen unseren Führungskräften, den Mitarbeitern zuzuhören und auf Kritik und Verbesserungen einzugehen. Relaxed statt verbissen.

In den jährlich zweimal stattfindenden Orientierungsgesprächen wird zwischen Teamleader und Mitarbeiter festgelegt, welche Hilfe und Unterstützung der Mitarbeiter benötigt. Gemeinsam wird der Zeitpunkt definiert, an dem über Fortschritte des Mitarbeiters gesprochen wird. In der jährlichen Mitarbeiterbefragung werden verschiedene Bereiche abgefragt: Die allgemeine Zufriedenheit mit der Beschäftigung, die Zufriedenheit mit dem Teamleader, die Zufriedenheit mit dem obersten Management und die Zufriedenheit mit internen Dienstleistern (Qualitätsmanagement, Mitarbeiterverantwortliche).

So wollen wir etwa bei dem Fragebereich zur Führung durch die Teamleader verschiedene Dinge wissen: Wie gut versteht es der Teamleader, sich auf die Stärken und Schwächen seiner Mitarbeiter einzustellen? Inwieweit werden die Leistungen von Einzelnen gemessen und anerkannt? Wie gut informieren die Teamleader über Aspekte des Gesamtunternehmens bzw. des Teams? Wie wird die Förderung von Vorschlägen und Ideen beurteilt? Wie wird das fachliche Wissen des Teamleaders beurteilt? Wird für ausreichendes und gezieltes Training gesorgt? Haben die Mitarbeiter das Gefühl, dass sie durch ihren Teamleader auch menschlich gefördert werden?

Bei den Fragen zur Zufriedenheit mit der Unternehmensführung fragen wir etwa nach der Qualität des Kontakts zur Unternehmensführung und wie gut sie informiert, ferner, wie weit die Mitarbeiter über die Belange in anderen Abteilungen informiert sind. Durch die Mitarbeiter werden aber auch die Betreuung durch die Unternehmensführung und durch das Teambüro beurteilt. Und Gewicht legen wir bei uns natürlich auch auf die Meinung der Mitarbeiter zu Betreuung durch die Qualitätsbeauftragten und den Informationsfluss, bezogen auf das Qualitätsmanagement.

Dank diesen Instrumenten ist die Stimmung in unseren Teams viel mehr als früher ein ständiges Thema für alle Führungskräfte. Mit unserem Mitarbeiter-Konzept hatten wir schon immer dafür gesorgt, dass Mitarbeiter bei uns zufrieden und begeistert sein können. Jetzt überprüfen wir noch mehr, wie unser Führungsverhalten die Stimmung im Team beeinflusst und was sich dabei als besonders effektiv erweist.

Vertrauen und Anerkennung

Wie schaffen wir es, dass gute Mitarbeiter fähig werden, außergewöhnlich gute Leistungen zu bringen und dabei selbst stärker zu werden? Wir geben ihnen hohe Ziele vor, dazu Schulung und Freiräume zur Entfaltung. Vertrauen und Anerkennung der Mitarbeiter müssen dazukommen. Ebenso wie für die Gäste müssen wir ihnen «Jas» und «Ohos» bieten. Wir verlangen schließlich eine hohe Leistung von ihnen.

Jede gute Leistung setzt klare Zielvorgaben voraus. Aber in vielen Unternehmen sind die häufigsten Reaktionen auf gute Leistungen meist: gar keine Reaktion. Mitarbeiter, die über Erwarten gut gearbeitet haben oder begangene Fehler glänzend wiedergutgemacht haben, müssen spüren, wie sehr ihr Beitrag geschätzt wird.

Der Schindlerhof verfügt über ein fest installiertes System für Lob und Anerkennung. Ziel des Systems ist es, hervorragende Leistungen zeitnah zu honorieren. Das Instrumentarium ist vielfältig und wird alle zwei Jahre durch die Mitarbeiter beurteilt. Wir haben neben den Prämien für Teamleistungen und für Führungskräfte nur wenige fixe Instrumente, um die Leistungen von Mitarbeitern oder Teams zu honorieren: So wird etwa der Mitarbeiter mit der Idee des Quartals und der Mitarbeiter mit dem höchsten Monatsumsatz im Restaurant jeweils durch ein individuelles Geschenk honoriert.

Führungskräfte haben daneben aber alle Freiheiten, wie sie Anerkennung und Lob in ihrem Bereich einsetzen wollen und dazu ein Motivationsbudget zur Verfügung. Die Führungskraft entscheidet über die Verwendung ohne vorherige Rücksprache mit der Unternehmensführung. Wir sind aber keine Anhänger von Geldbeträgen, weil sie keinen «Trophäencharakter» haben. Man steckt das Geld ein, ein paar Sekunden hält das gute Gefühl, aber nachher verschwindet es und das war es dann schon. Ein

SMS zum Geburtstag in den Urlaub nachgeschickt wirkt ganz anders.

Anerkennung für gute Leistung zu bekommen, ist das eine. Vertrauen zu seinen Vorgesetzten zu haben, wenn es einem einmal nicht so gut läuft oder wenn unangenehme und schmerzhafte Entscheidungen im Team umgesetzt werden müssen, ist das andere. Basis für dieses Vertrauen ist Glaubwürdigkeit. Sie entsteht durch klar ausgesprochene Erwartungen und Berechenbarkeit der Führungskräfte. Mitarbeiter wollen wissen, was gilt. Unberechenbarkeit ist der Feind von Vertrauen. Wenn die Tagesstimmung der Führungskraft zu stark schwankt, dann versiegt bei den Mitarbeitern die Arbeitsfreude. Poltern bei Führungskräften ist kein Problem. Einmal Poltern und einmal nicht, das ist ein Problem – Urteile mit zweierlei Maß sind schädlich und untergraben die Integrität jeder Führungskraft.

Wir prämieren darum monatlich nicht nur den besten Verbesserungsvorschlag, sondern auch den größten Fehler eines Mitarbeiters.

Vertrauen wächst, wenn Führungskräfte humorvoll bleiben und auch über sich selbst lachen können. Vertrauen wächst aber auch, wenn die Mitarbeiter merken, dass sie Fehler begehen dürfen. Wir prämieren darum monatlich nicht nur den besten Verbesserungsvorschlag, sondern auch den größten Fehler eines Mitarbeiters. So verlieren die Mitarbeiter die Angst, Fehler zu machen und zuzugeben.

Teil des Vertrauens sind klar definierte Vorgehen, was passiert, wenn sich ein Mitarbeiter nicht an unsere Spielregeln hält. Beim ersten Verstoß gibt es ein persönliches Abmahnungsgespräch, beim zweiten eine gelbe Karte, das heißt eine schriftliche Abmahnung. Beim dritten Verstoß gibt es die rote Karte, also die Kündigung.

Professionalisierung und Emotionalisierung

Unternehmen werden nicht wegen schlechter Produkte und Dienstleistungen, sondern wegen schlechten Managements geschlossen. Heute müssen Unternehmen immer mehr den Spagat hinkriegen, zu vergleichbaren Preisen eine immer bessere Qualität für die Kunden zu erbringen.

Wer durchschlagenden Erfolg haben will, muss heute in seiner Preiskategorie gleichzeitig Ideenführer und Kostenführer sein. Das verlangt von uns mittelständischen Unternehmen neue Anforderungen an unsere Führungskräfte.

In den letzten Jahren haben uns vor allem unsere Teilnahmen am European Quality Award weitergebracht. Wir haben uns intensiv mit diesem Exzcellence-Modell beschäftigt. Heute erklären wir das Modell auf einfache Weise bereits den neu eintretenden Mitarbeitern. Alle Teamleader müssen sich in ihrer Führungsausbildung mit diesem Modell auseinander setzen. Und in den Führungsmeetings werden Auswirkungen von Projekten und Maßnahmen ständig auf Mitarbeiter- und Kundenzufriedenheit und Schlüsselergebnisse hin geprüft.

Wer aufhört, besser zu werden, hört auf gut zu sein.

Wer aufhört, besser zu werden, hört auf, gut zu sein. Wer in seinem Unternehmen überhaupt nicht definiert, was guten Service ausmacht, der hat auch nur Zufallschancen, dass seine Kunden zufrieden sein werden. Mit einer allgemein gehaltenen Definition von Qualitätsstandards steigen die Chancen auf gute Kundenbewertungen auf 50 Prozent. Wird guter Service im Detail aber mit Augenmaß für das Unternehmen und die Kunden definiert, gelingt es, diese Vorgaben im Bewusstsein der Mitarbeiter zu verankern, und ist das Erreichen durch Auswertungen abgesichert, dann steigen die Chancen auf gute bis sehr gute Kundenbewertungen auf ungefähr 90 Prozent.

Gerade im gehobenen Preissegment haben die Kunden immer höhere Anforderungen an den U-Faktor. Sie wollen sich durch stabile und sichere Abläufe unterstützt fühlen. Je perfekter wir sie aber einstudieren und sich Mitarbeiter im Alltag damit verhalten, desto mehr droht die Gefahr, dass die Herzlichkeit und die Wärme verloren gehen. Aber genau das erwarten unsere anspruchsvollen Kunden ebenfalls.

Die Weisheit aus der Kosmetikindustrie gilt auch für uns: In der Fabrik produzieren wir Lippenstifte, und im Laden verkaufen wir Hoffnung. Wir müssen es also schaffen, unser Servicemanagement gleichzeitig zu emotionalisieren und zu industrialisieren. Alles, was dem Gast verborgen bleibt, alles hinter der berühmten *line of visibility* wird immer professioneller abgewickelt.

Nicht das Handwerk, sondern das Kunsthandwerk des Servicemanagements ist für uns letztlich die entscheidende Komponente. Und das feine Ausbalancieren der verschiedenen Servicefaktoren ist für uns nun mal Kunsthandwerk. Unternehmen, die ihr Servicemanagement konsequent vorantreiben, entfernen sich immer weiter von den Unternehmen, für die Service nur eine Trainingssache oder ein Schulungsprogramm oder irgendwie sonst etwas Nettes darstellt.

Seitdem wir mit dem TUNE-Modell arbeiten, schaffen wir es, dass unsere Vorstellungen von exzellentem Service und die damit verbundenen Qualitätsstandards bei allen Mitarbeitern viel präsenter in den Köpfen sind – weil wir sie uns jeden Tag vor Augen halten. Serviceindustrie ist – das sollte inzwischen deutlich geworden sein – auch immer ein Showbusiness. Die Organisationshandbücher sind die Textbücher für die Schauspieler.

Aber während der Aufführung müssen sich die Darsteller frei bewegen und die Hilfsmittel möglichst vergessen können. Im Fernsehen hilft es ihnen, wenn sie zwischendurch auf den Text auf dem Teleprompter schauen können. T, U, N, E – das können sich unsere Mitarbeiter gut merken, da brauchen sie bald einmal überhaupt kein Hilfsmittel mehr. Lerne alles über dein Instrument und vergiss alles wieder, wenn du spielst. So einfach hat das der berühmte Jazzmusiker Charlie Parker einmal gesagt.

Glamour

Heute gilt für Unternehmen nicht mehr: Die Schnellen fressen die Langsamen, sondern die Lauten fressen die Stillen. Im Dschungel der großen Konzerne können die Einzelkämpfer nur an der Spitze überleben, wenn sie es selbst geschafft haben, zu starken Marken zu werden. Ausstrahlung und Charisma eines Unternehmens entstehen aber in unserer Branche nicht durch teure Marketingkampagnen, sondern durch den Glamour-Effekt.

Wir brauchen keine Corporate-Identity-Aktivitäten und keine Imageberater. Glamour, der Zauber, entsteht durch Eigenwilligkeit – Menschen und Unternehmen, die ihr «Ding durchziehen», sind faszinierend. Becker und McEnroe in der Tenniswelt, das sind Typen. Wolfgang Overath und Günther Netzer waren im selben Jahr zusammen Weltmeister. Den einen kennen aber nur noch die alten Fußball-Freaks. Persönlichkeiten, die uns besonders beeindrucken, berühren uns immer mit ihrer Stärke und ihren Schwächen zugleich. Musterschüler beeindrucken uns nicht, die mag man nie leiden.

Glamour bekommen Sie nur, wenn Sie ein Meister der lustvollen Selbstdarstellung sein können. Präsenz und Gewandtheit in den Scheinwerfern vermitteln Glanz und wirken dann auf das Unternehmen zurück. Glamour ist die Kombination von viel Spirit, hoher Energie und interessanter Erscheinung.

Damit wir mehr als nur ein Tagungshotel sind, brauchen wir Sternenstaub. Wir müssen anders, nicht artig sein. Noch herzlichere Mitarbeiter, noch ein schöneres Ambiente allein reicht nicht. «*Added value* durch Verpackung von konkreten Produkten in eine Hülle von Story, Mythos und Service», sagen die Markengurus dazu.

Glamour hat auch eine psychologische Wirkung: Das Kleid für 4000 Euro im Schaufenster bringt Sternenstaub in das Modehaus und erlaubt leicht höhere Preise auch bei den normalen Artikeln. Die großen Zampanos der Pariser Haute Couture lassen ihre Models nicht deshalb in schrillem Outfit über den Catwalk laufen, weil sie erwarten, dass jemand diese Kleidung kaufen würde. Sie wissen aber, dass das damit inszenierte Pressetheater einen Lichtschein auf ihre «normale» Kollektion wirft, auf das, was Otto und Ottilie Normalverbraucher auch tragen würden.

So ist es auch in der Dienstleistung. Der Sternenstaub-Faktor wird für Unternehmen immer wichtiger. Nur dadurch lässt es sich schaffen, dass die Kunden nicht nur die Preise im Kopf haben. Wir müssen darum in jedem Moment des Aufenthalts bei unseren Gästen gegen die Austauschbarkeit kämpfen. Beim Service muss der Mix von viel T, U, N und E eine knisternde Aufführung bewirken.

Denken wir weiter: Wir müssen noch lustvollere Selbstdarsteller werden. Wir brauchen noch mehr Glanzlichter. Wir brauchen Gewandtheit, Witz und Humor. «Strahlend weiße Kochjacken – begeisterte Gästeaugen.» Dazu hat die Küche sich selber verpflichtet. Kürzer kann man es gar nicht sagen. Die Jungs haben den Glamour-Faktor in sich.

Witz und Humor sind in einer rationalen Welt der Luxus, der die Kunden zum Schmunzeln bringt. Bei uns in der Lobby des Tagungszentrums haben wir eine Weile morgens ein Schild aufgehängt, auf dem geschrieben war: «Achtung. Ein Mitarbeiter von uns ist heute in schlechter Form, finden Sie ihn.» Natürlich bringt so etwas unsere Gäste zum Schmunzeln und gibt gleich Gesprächsstoff für die Kaffeepausen. Und natürlich, die Form des Humors muss zum Stil des Hauses passen.

In diesem Frühjahr wurden wir von den Assessoren der

European Foundation for Quality Management besucht. Abends wollten sie einmal erleben, wie denn eine Schlussbesprechung nach TUNE bei uns läuft. Am Schluss meinte unsere Teamleaderin an der Rezeption: «So, jetzt wissen Sie, wie wir tunen, jetzt könnten Sie's auch zu Hause machen.» Frisch, unbeschwert, natürlich.

Wir müssen hart arbeiten und gleichzeitig locker bleiben, um vom Musterschüler zum Liebhaber zu werden. Die Servicebranche ist wie die Partnerschaft – wer nicht immer Neues probiert und verbessert, hat verloren. Natürlich kostet Glamour. Aber wie viel kostet es, wenn die Kunden in einer nüchternen Welt nur noch Preise im Kopf haben? Wir müssen wieder Momente der Wiederverzauberung schaffen.

Den Spirit weitertragen

Exzellenter Service ist für uns ein Wettbewerbsvorteil, den wir Tag für Tag neu erschaffen müssen. Jedes Mal, wenn am Morgen unsere Tore öffnen, wenn die Mitarbeiterin einen Telefonanruf entgegennimmt, wenn sie eine Reservation aufnimmt oder einen Kunden begrüßt. In Echtzeit entscheidet es sich, ob wir gewinnen oder verlieren. In unserer Broschüre «Spielkultur» steht, was unserem familiengeführten Unternehmen auf diesem Weg zur Excellence wichtig ist:
- Unsere Vision von Harmonie lässt uns immer liebevoll miteinander umgehen – wohlwissend, dass eine kreative Spannung förderlich ist.
- Die ständige Herausforderung, uns selbst zu führen und unsere Fähigkeiten zu erweitern, lässt uns hoch gesteckte Ergebnisse erzielen.
- Der Aufbau einer lernenden Organisation verpflichtet uns zu außergewöhnlichem Engagement und Innovation.

- Wir verfolgen hohe Ziele für den Schindlerhof und unsere Familie. Unsere Vision von Freiheit bedeutet auch finanziell größtmögliche Unabhängigkeit.
- Der Schindlerhof ist unser gemeinsames Lebenswerk und bleibt Eigentum unserer Familie.

Wir fordern bereits bei der Einstellung neuer Mitarbeiter von jedem Bewerber, dass er sich intensiv mit der Vision, den Werten und den aktuellen Zielen unseres Unternehmens auseinander setzt. Mit einer Vision kann nur zweierlei geschehen: Entweder wächst sie oder sie stirbt. Es gibt keine perfekte Vision und kein starres Zukunftsbild. Die Wünsche und Bedürfnisse der Kunden verändern sich. Jeder in unserer Familie entwickelt sich ebenfalls weiter und verändert seine Perspektiven. Wir hören auf unsere inneren Stimmen und lassen uns von dieser Vision leiten. Und wir fördern die ständige Auseinandersetzung mit ihr:

- Durch unser hauseigenes Seminar «Denkweise Schindlerhof» werden neu eingetretene Mitarbeiter damit bekannt gemacht.
- Bei wichtigen Entscheidungen, wie der Beförderung von Mitarbeitern oder von größeren Investitionen, ist für uns immer ein Kriterium, ob unsere Entscheidung auch unsere Vision stärkt.
- Bei der jährlichen eintägigen Präsentation unseres Jahreszielplans für alle Mitarbeiter zeigen wir ihnen, mit welchen Projekten und Aktivitäten wir unserer Vision im nächsten Jahr wieder ein Stück näher kommen werden.
- Und schließlich treffen sich alle drei bis vier Jahre die Teamleader und das oberste Management, um die Vision und die wichtigsten Unternehmensziele zu überarbeiten. Sind Vision und Werte des Unternehmens noch zeitgerecht? Welche Änderungswünsche aus den Mitarbeiterbefragungen sind für die nächste Auflage unserer «Spielkultur»-Broschüre relevant?

Im Vorfeld erfolgt jeweils eine Befragung der Mitarbeiter durch unsere Qualitätsmanagementbeauftragte: «Was gefällt Ihnen an unserem Leitbild besonders gut? Inwieweit halten Sie die langfristigen Unternehmensziele für richtig und gut? Wie weit können Sie sich mit der Welt des Unternehmens identifizieren?»

Der wahre Prüfstein für einen Unternehmer ist aber nicht der Erfolg während seiner aktiven Phase, sondern die Situation danach: Ist die Organisation so robust geworden und hungrig geblieben, dass sie trotz des Wechsels an der Spitze bleiben kann? Oder verliert sie an Schwung, weil alles auf eine Person zugeschnitten war?

Die Vision war unser Leitstern und wir haben hart daran geackert. Als wir unsere Vision vor zwanzig Jahren entwickelten, wurden wir zuweilen auch belächelt. Doch unsere Vision von Harmonie hat uns immer stärker gemacht. Eines der wenigen Dinge, die kein Mitbewerber und kein Investor kopieren oder einem Unternehmen wegkaufen kann, sind die Beziehungen zu den Mitarbeitern und die Beziehungen zu den Kunden. Den Sound, die Stimmung in einem Unternehmen, können sie nicht kopieren. Und wir sind stolz darauf, wie weit wir als mittelständisches Unternehmen dabei gekommen sind.

Alle Unternehmen suchen nach unentdeckten Wertreserven. Für uns ist die menschliche Individualität die größte Wertreserve. Diese Erkenntnis leitet unser Handeln. Sie gibt uns mehr Tiefe und Nachhaltigkeit in unseren Entscheidungen. Zur Vision Sorge tragen – das macht den Unterschied zwischen einem Unternehmer und einem Manager aus. Bei dem einen geht es um eigenes Geld und schlaflose Nächte, beim anderen um Shareholdervalue und um die eigene Abfindung.

Wenn du eine gerade Furche im Acker ziehen willst, dann brauchst du einen Leitstern am Himmel.

Unsere Mitarbeiter wissen um die Bedeutung der Vision, um den Leitstern. Wenn du eine gerade Furche im Acker ziehen willst, dann brauchst Du einen Leitstern am Himmel, sagt ein Sprichwort. Aber beim Ackern im Alltag geht es letztlich um die drei Hs: Kühles Hirn, arbeitsame Hände, warmes Herz. Wenn der Mitarbeiter diese drei Dinge jeden Tag lebt, verrichtet er nicht einfach seine Arbeit. Er lernt eine Menge über sich selber und er trägt damit das Seine zum Teamgeist bei, sodass Loyalität und freundschaftliche Verbundenheit entstehen können.

Beim Arbeiten im Alltag geht es letztlich um die drei Hs: Kühles Hirn, arbeitsame Hände, warmes Herz.

Family-owned, proudly independent – Das Hotel ist unser gemeinsames Lebenswerk. Es ist aber nicht nur Eigentum der Familie, sondern auch Verpflichtung, dass junge hoffnungsvolle Menschen für ihren weiteren Lebensweg bei uns eine Menge lernen können. Wir bieten ihnen ein Klima, in dem sie vor Spielfreude sprühen können. So macht die Reise zu Service-Excellence allen Freude – wir wünschen Ihnen viel Freude und Erfolg auf Ihrer Reise.

Literaturverzeichnis

Adizes, Ichak: Die Adizes-Methode. München 1995.
Blanchard, Kenneth/Zigarmi, Patricia/Zigarmi Drea: Führungsstile. Reinbek 2002.
Bruhin, Manfred: Kundenorientierung. Bausteine für ein exzellentes Customer Relationship Management. München 2003.
Erikson, Erik: Idendität und Lebenszyklus,. Frankfurt 2003.
Goleman, Daniel: Der Erfolgsquotient. München 2000.
Horovitz, Jacques: Die sieben Geheimnisse erfolgreicher Service-Strategie. München/Amsterdam 2000.
Jost, Hans Rudolf: Unternehmenskultur. Zürich 2003.
Kobjoll, Klaus: Virtuoses Marketing. Zürich 1998.
Kobjoll, Klaus: Abenteuer European Quality Award. Zürich 2000.
Malik, Fredmund: Führen, Leisten, Leben. München 2001.
Sprenger, Reinhard K.: Aufstand des Individuums, Frankfurt 2000.
Schmitz, Claudius A.: Charismating. Einkauf als Erlebnis. München/Amsterdam 2001.
Tomczak, Thomas/Schögel Marcus/Ludwig, Eva: Markenmanagement für Dienstleistungen. St.Gallen 1998.

Anhang

Fax-Antwort
0049 (0)911 9302 639

Bitte senden Sie mir weitere Informationen zu

TUNE-Seminaren mit Klaus Kobjoll

www.kobjoll.de

Fax-Antwort
0041 (0)31 954 07 53

Bitte senden Sie mir weitere Informationen zu

TUNE-Beratung und -Trainings mit Rolf Widmer/ Roland Berger

www.tune-training.ch

Firma ....

Name ....

Branche ....

Straße ....

PLZ/Ort ....

Land ....

E-Mail ....

Telefon ....